窮中談吃

——台灣五十年吃飯之見聞

舒國治 著

聯合文叢 421

目次

粗疏談吃

窮中計吃

開始談吃，莫非人近中年？頻頻回首舊日所吃，莫非眼下過得荒疏？三百六十日，日日要吃；朝日蒼涼，睜開眼睛，便就是進盤飧、嚼楊木，日復一日，餐復一餐，何時才免？思想起來，執箸捧碗能不悚然心驚。

人生一副臭皮囊，米茶油鹽填之；飽食終日，正可以無所用心，以消永晝，以拋世務，丟卻家常一本難念經。前方吃緊，後方緊吃，吃之大功德存焉。

中國窮國也，中國之吃，總帶幾分窮困氣。處寒荒，遙想熱灶飯香；日日黍蔬淡口，苦盼節慶大啖魚肉。君不見黎明深巷的麵鍋煙氣，君不聞靜夜牆頭餛飩挑子的竹板篤篤？此何也，窮時吃之殷殷意象常縈心中者也。

食之為道，鴻儒碩彥幾不著墨。飽學之士，窮經皓首，無暇及之。王安石只吃面前一兩盤菜。陳寅恪未見有論食書作，惟在將離美國麻州之際信中對趙元任說所留戀者不過波士頓中國飯館「醉香樓」之龍蝦耳。員外雅士，林泉優游之餘，盍涉食談？而元倪瓚有《雲林堂飲食制度集》，清袁枚有《隨園食單》。

近人唐魯孫，年輕時不曾見其著作，老來著書談吃，一下筆，方讓人歎服其人生之燦爛；南北見聞，洋洋灑灑，官庭佳筵至僻巷小吃，蒐羅完盡，言來歷如數家珍，允為當代一絕。相較之下歐美的食評家，竟要顯得不值一哂了。

食評家，一如影評家，其行業，不自禁暴殄天物，旦旦而伐之，常常可惜了好東西。紐約的Calvin Trilling日日找地方吃，Vincent Canby日日趕好幾場電影，這份行當，幹起來辛苦。

我何人也，生也晚，燦爛年月之豐饌佳餚不及見，平日就食多是那些需把塑膠筷套固插在針座之流，何敢言吃？沈三白謂「天之厚我，可謂至矣」，秉此一義，雖日以粗茶疏飯自供，亦深謝天賜，所吃所見約略敘之，不求自珍也。

吃，是中國人的最要之業。

中國人處困窘，或原業不濟時，最先想到的，是開個小店賣吃的。國片在六、七十年代，導演拍片不賣錢，常說：「乾脆賣牛肉麵吧。」竟有一點「道不行，乘桴浮於海」的孤愴之嘆。

中國之吃，恆與記憶相佐，頗賴一種叫「回味」的東西。即使這當兒下口的是酸豇豆炒辣椒，是饅頭就著鹹菜，是薄餅夾大蔥；然那松江鱸魚、陽澄湖蟹、關外口蘑、北京燒鴨這類大夥習有見聞，早成了埋涵在中國人胸腹內共擁的消化酶。

國人記憶裡的食景之美，多在物質之粗簡、所謂雪中炭，而少在盛筵之豐麗、所謂錦上花是也。乾隆的「金鑲白玉板」（豆腐煎之呈黃）、「紅嘴綠鸚哥」（菠菜）是，慈禧逃難中的窩窩頭亦是。

大凡吃之豐美景象成為過往雲煙（如經過兵災、經過天禍饑荒、經過流離失所），則吃之緬想愈形濃強、吃的求好欲望更形堅固；並且對於吃之憶舊文字愈發增多。

若非有播遷台島一舉，則此地不會有那麼多的憶吃宏文，端的是洋洋灑灑，各家爭鳴，齊如山、杜負翁、伍稼青、陳定山、王素存、劉震慰、唐魯孫、劉光炎、梁實秋……

這在別的國家，何曾有如此雄壯的吃景文談？

然這雄偉吃文的巨大代價，便是苦難窮阨也。

西人少有憶窮時之吃的。這方面，中國人（新一代除外）已有談窮、憶窮、珍美窮境的精神疾癮了。即我這一輩沒逃過難、沒真餓過飯的，也常緬懷陋窮之吃；不管是當兵時偶拔的甘蔗，或是窮學生時的陽春麵。窮世道或窮國的通象，便是緬懷。

且看渡台人士於民四十、五十、六十年代撰文追憶當年吃食，「滿漢全席」之談不甚成其共鳴；反而是東一筆西一筆提到成都的「賴湯圓」、「吳抄手」、「不醉無歸小酒家」，南京的「馬祥興」美人肝、「小樂意」薰肉，湖州「褚老大」粽子，揚州「富春茶社」湯包、干絲，武昌「謙記」的牛肉湯澆豆絲，貴陽的「培元正氣雞」，安慶的「江萬春」江毛餃兒，桂林「馬肉米粉」，雲南「過橋米線」，長沙火宮殿，蘇州觀前巷，北京的「全聚德」、「砂鍋居」、「烤肉宛」，甚至街頭賣的豆汁兒、羊頭肉、薰魚兒、爆肚、炒肝、扒糕、切糕、豌豆黃、酸梅湯…………等極是酣熱，令我們此來彼往過眼之餘，不自禁框圍了心目中大江南北吃的約略範式。

我生也晚（五十年代初），這些名店名吃只是書中見聞；然即使在台幼時所見固有吃食名目實已甚多。凡見麻糖，上必有「孝感」；凡板鴨，必「南京」；凡粉絲，必「龍口」。見燒雞，必「道口」；凡饅頭，必山東。凡米線，必過橋；凡栗子，必糖炒。凡蓮子，必冰糖；凡抄手，必紅油。噫，何四字陳腔之甚也。

月餅，雖不愛吃，然名目無法避見；凡見月餅二字，上必有「五仁」，或「棗泥」，或「蓮蓉」。終至弄到連本省也凡檳榔，必「雙冬」；凡鴨頭，必「東山」矣。

此何也？使成名物，而入傳承也。

愈是窮地吃得愈好

吃，是亙古的活動；文明愈是新穎，愈是未必有利於吃。故愈不文明利便的地方，往往吃得較好。美國的吃，五十年前多半比今天要好。寫於一九三一年的*The Joy of Cooking*，如今像老年月Irma Rombauer那樣在家細細烹調的美國媽媽們，的確愈來越少了。八十年代初創發California Nouvelle Cuisine（加州新式菜餚）的Alice Waters那樣有耐心富品味的廚師畢竟是少數。又美國的吃，看來比不上那又貧窮又落後的中國大陸。即使是Waters在加州柏克萊開的那家名聞遐邇的餐館Chez Panisse強調所選雞肉是來自北邊Sonoma的放山農場的雞，但吃過傳統中國土雞的老饕們一口咬下，便知那種雞肉與好吃的土雞肉相去何啻萬里。美國總統看來一輩子沒有機會吃過一口土雞肉；而中國尋常農民吃的佳良時鮮，往往非美國先進文明人士所能夢見。

法國好友 Jacques Tardif 開玩笑說：「兩百年前法國的蘋果有六百種，現在呢，三種。」菜餚，或是食材，顯然是不宜統一的。

講求劃一，講求高效率收成，則吃必然遭到簡化。速食店盛興之國，或大農場大牧場發達之地（美國最是），最沒法吃到好東西。

四十年前台北吃景

即使三、四十年來的今昔台北吃食，也已極顯不同矣。

一九四九年後，台灣成了中國各方吃食粹集一爐的好地方。且以六十年代這戰後窮寂稍歇、百業始興的標準年代（陽春麵一碗兩元維持極久之年代）來看一眼台北小食的街風巷景。

早晨有推紅漆木條小車，賣福州冬粉魚丸湯，湯碗裡灑白醬油、擱冬菜、以之厚釃湯底，再撒芹菜末，既飾池面，也脆齒口。又見人頭頂竹籮，內盛光餅（閩南語「鹹光餅」），肩負竹製腳架，停止時，置籮於架，待客而沽。此二者為福州式吃景。

有騎自行車穿梭街巷，口唱「大餅——饅頭——豆沙包」，話音應是山東腔，車後置大木箱，覆棉被保溫，掀開，除所唱三樣，尚有花捲、菜包。多在下午的後半段（午睡以後至黃昏）出現。

也有騎車口唱滬腔「方糕來啦——方糕要弗？」他的聲口顯示其客戶之地方性，不像播著「報君知」人一聽便知修理什麼之廣泛。七、八年前，偶於木柵僻巷裡（辛亥路四段222巷）見一店賣方糕，攀談幾句，陳姓店主說三十多年前騎車唱賣方糕的，便是他父親。

有挑擔子的擱一疊疊橫豎交錯砌齊、以繩紮好的寧波年糕，上將一張正方紅紙，菱形覆放，沿街以寧波話叫賣；與方糕的客戶同理，聽得懂的才會喚他。

另有挑擔子的，置長方直立箱籠各一，邊走邊唱，較多句，有節拍，山東聲口，走近時櫥紗中隱隱見有熟食物，箱上寫有字：「諸城燒雞」。

另外像倒騎三輪車按ㄅㄚˇ ㄅㄨ喇叭賣「沙利文」冰淇淋，挑擔子敲鑼賣麥芽糖，騎車招人取牙膏空管換麥芽糖，拖大櫃子車敲鈴賣醬菜，搖著竹管賣烤紅薯；吹糖人啦、稻草捆插冰糖葫蘆串啦，甚至夜裡的「五香——茶葉蛋」、「燒——肉粽」（聲音由遠至近，再由近至遠。此刻閉目想這遠遠近近聲音，唉，感懷不已）……當時孩子全司空見慣。

餐館食肆也有一些。山西菜的「山西餐廳」（中正路1901號，今忠孝西路），寧波菜的「狀元樓」（中正路1759號）、「小小狀元樓」（館前路11號）、「老正興」（中正路1733號），上海點心的「三六九」（衡陽路18號），北平館子「致美樓」（中華路162號）、「豐澤樓」（漢中街125號）、「會賓樓」（西寧南路122號），川揚館子「銀翼」（中正路1825號），湖南館子的「天長酒樓」（寧波西街98號）、「玉樓東」（西寧南路49號），四川菜的「蜀腴」（成都路27巷8號），客家菜有「新陶芳」（沅陵街9號）、「嶺南」（沅陵街21號），廣東菜有「掬水軒」（衡陽路60號），福州菜有「勝利」（懷寧街86號）。當然台式料理也多的是，大型館子有「蓬萊閣」（延平北路二段208號），其他類似酒家菜尚有「萬里紅」（南京西路195號）、「麒麟」（南京西路322號）、「東雲閣」（延平北路二段87號）、「白玉樓」（華亭街24號）、「鳳林」（南京西路185號）、「孔雀」（南京西路185巷1號）、「白百合」（延平南路109號）、「璇宮」（博愛路25號）、「梅林」（南京西路131號）、「蝴蝶蘭」（桃源街1號），台式兼和風的食堂像「美觀園」（峨眉街36號）。若是喝咖啡，還有「起士林」（成都路54號）、「美而廉」（一在博愛路114號，一在中山北路二段2號）、「明星」（武昌街）、「沙利文」

（成都路26號），老字號的「波麗路」（民生路314號）更不在話下。

這些館子大多早已不存，少數猶存的，味亦變矣。台北沒有歷史，於食景尤然。

國人傳統上沒有「吃館子」習尚

傳統言，「上館子」一事，對普通家庭言不是很普遍。三四十年前，除了機關同僚互有應酬、少數商界不免洗塵送行、以及原在內地恆居城市之人舉家乘坐三輪車扶老攜幼偶爾慶聚團圓、聊溫舊情外，多半人不大「上館子」。

即使今天，許多中小城鎮庶民，你去問他們，他們會說：真罕咧「呷餐廳」（閩南語的「上館子」）呢。乃在「呷餐廳」，往往有賴「事由」，否則不怎麼形得成這風習。於是這二十年來人們雖也較富裕了，也愛進些場合去吃吃喝喝消費一番，但進的常自然而然是山上的土雞城、海邊的海產店、及多不勝數的夜市小攤小肆這類輕鬆自在的吃點，卻就偏偏不是「呷餐廳」。何也？台灣幾十年來還不怎麼發展出上館子這套成熟世故的都市文明素習如西方的羅馬、維也納、巴黎、倫敦所通行了幾百年的市民行為。

諺曰：三世做官，才曉著衣吃飯。不自禁透露出舊日備豪筵及吃館子概屬官家之況。傳統上常民不但少上館子，也少講究穿衣。穿衣為了蔽體保暖，一如吃飯為了充飢及解饞；近年來講求時尚風格與名牌崇認，又挑選館子及各國菜餚，這套「生活格調」（lifestyle），老年代裡是沒有的。

這或許也影響了此地餐館文化無法累成老厚字號的一大原因。台北台中高雄曾經有八十年一百年的老館子嗎？像「鼎泰豐」這種三十年前賣油、近二十年來賣滬式點心並愈做愈好的老字號，算是極少的例子，並且它仍是點心小吃店；那些大型的北平館子、四川館子、湘菜館子、寧波館子等有見一直開下去的嗎？或者說，有聲名遠馳、菜餚始終很好的幾十年老館子嗎？

但基隆廟口的小攤子、彰化的小吃攤、台南的小吃店，便有三四十年來一逕好吃、又極富盛名的老字號。看官有空，到基隆廟口的19號攤，嚐嚐它的滷肉飯、豬腿肉湯或豬腳湯、再加一碟清煮高麗菜，便知台式小吃中清淡簡樸的真髓是如何能讓這家小攤子一做三十年。

台灣一向沒有豪筵的歷史，四九年以前沒有，日據時代沒有，日據前的清朝、明鄭也沒有；當然四九年至今這五十年，仍然也構不成所謂有。隨意看看四周的友人，便知他們多年吃的、心中想的，其實全是平實的菜餚。即使人們知道有宮廷大宴、幾大件、幾小件、幾碟葷、幾碟素、幾碟果品，知道淮揚鹽商如何窮奢極侈，知道法國王室公爵如何精烹細燴，知道日本料亭一席數十萬金，台灣多數人仍安於習樂於常民之吃。而這常民之吃即使所費也昂、又吃的種類及質量也繁多，又頻頻如此，卻仍然與豪筵全不相干。

這是台灣的佳美之處，也是中國這又窮又大的老國不自禁成形的吃之必然生態。且看台灣每家的廚房，即使富裕，沒有太繁複機巧的烹飪設備，即使是精於烹調又常常宴客的家庭主婦或甚至專業廚師，所用的刀子不過一兩把。歐美太多尋常的家庭及尋常的做菜主婦，即烹調設備（各式鍋具、打蛋器、碎菜機、抽離菜水器、片肉機、烤箱⋯⋯⋯⋯）已讓人目眩神馳，別說單單刀子便常常有個幾十把了。何也？乃他心中有豪筵之念也。

談小吃

小吃，何謂小吃？粵人早起坐茶樓，一盅兩件，自據一桌，此小吃也。隨處巷口見人坐麵攤，切一碟滷菜，揀花生下酒，小吃也。即揚州早館，干絲、湯包、白湯麵，美味之至，又精細之至，然亦小吃也。

每人只吃面前一兩樣小物，卻品嚐可臻至細，此小吃最美之況。

西人餐館，又有前菜，又有沙拉，又有濃湯，繼有主菜，再有甜點，吃上三、五小時，便是繁盛太過之吃，與我所言小吃，大不同矣。

倡小吃，便是有意備言窮國卻不失美吃國之佳良吃法也。

那些留學在國外的學子，當一年學業將盡，即將放假回台灣前，與台灣的同學或親友通電話或通e-mail，往往說些「我已經等不及要吃哪裡哪裡的蚵仔麵線、哪裡哪裡的粉圓及紅豆冰、哪家哪攤的麻糬、哪店哪巷的肉圓或米粉湯……」這類心中最大夢想的話。

此何者？小吃之迷人也。

消失的菜館

小吃常能恆存，以其簡易、堪掌控；菜館多不久長，以其規模大、費張羅。以下這些菜館，八十、九十年代之交，甚是興隆，忽的一下，竟不見了。

方家小館（信義路）
山西館（中山堂前）
大聲公（新生南路）
東生陽（永康街）

淞園（大安路）
東門九如（信義路）
陝西館（敦化南路復旦橋頭）
湖北一枝春（安和路）
點心世界（忠孝東路明曜百貨後）
塘塘（忠孝東路）
桃花源（瑞安街）

簡吃之厚蘊與奢吃之陋炫

吾國之吃雖是窮中計吃，但坊間很愛呈現奢華，以此故示富裕。實則愈是富之久長，愈敢呈現窮相，如日本茶道王侯所用茶器之殘舊、汲水杓子的彎曲老頹、更是價值連城，更是受尊崇。

這就譬似愈是好幾代富文子弟愈勇於坦蕩蕩的穿著布衣粗鞋；而稍稍賺了幾個快錢的久窮之民則立然迫不及待的開起賓士、戴上勞力士之理是也。

——刊二〇〇三年八月十七日「聯合副刊」

傳統上，台北的小吃皆在新公園四周不遠處。

住在何地來吃

吃飯與人格

之所以談吃、所以深究吃之種種，實是要以吃飯識認自己身體、識認自己所處境遇，並以之應對、感想其風土文化。人吃得不快樂，便可能造成過得不快樂。

美國，何其一塊大地，雄壯美麗；我曾多麼酣暢的在那裡漫遊馳蕩，看風景，讀閒書，行動逍遙一似浮雲。然有一件，吃得不夠快意。倒不只是美國菜做得不合口味，實是美國這二十年來所種植菜蔬、所畜養豬雞令人不能下口，並美國吃店之所提供實稱單調粗簡，以及美國城鎮中售吃的攤肆極少、相距極遠。於是我吃得不快意。也於是我看那些吃了多年的美國人也能感受到他們因必須隱忍吃之不良（及其他社會情態不良）而生出的一種精神不感完滿之身心人格。正是：嘴有思鄉涎，店無蓴鱸味。

有許多我們從小吃慣的食物，美國人從來沒能吃過。這就像美國人不曾蹲過一樣。也於是因缺乏蹲而造成的筋骨牽引神經不足而致之美國式文明病痛，我們或許少一點。

才去世的史丹利·庫柏力克（Stanley Kubrick, 1928—1999）所導《金甲部隊》（*Full Metal Jacket*）中，在南卡羅萊納州派瑞斯島（Parris Island）受陸戰隊訓的那個胖子Private Pyle（Vincent D'Onofrio 飾），倘教他蹲下，必定跌倒。而他晚上在櫃子裡還藏著一個甜甜圈，他說：「報告長官，因為我會餓，長官。」庫柏力克亦不自禁對文明人種面對野蠻境地挑戰所生之愁嘆悲觀也。

我小時吃魚，當吮其脊骨髓汁，那絲鮮美，便不自禁覺得必是珍物，魚腦更是。吃柿子，咬到核旁的筋膜，真感好吃，然就是只有那麼一點點，備感希罕。冷油條蘸醬油，佐稀飯吃；齒間感受油條的彈性、扯勁，醬油的鹹氣（不知誰的雋語：好吃只是鹹氣），及稀飯的清稠，風致天然，白描神品。

好吃的東西

宮保雞丁中咬到的脆迸花生的驚喜。

擔擔麵中的花生粉，及宮保雞丁中會想到加花生，又西南的油茶中擱的花生，不免令我猜測是源於、採自於少數民族的口味習尚。

泡麵中最好吃的，相信大家都有同感，是胡蘿蔔丁，然而它的數量最少。泡麵一題，就此打住，說多了，壞胃口，更何況我一年只會吃到一兩碗，也沒資格聊它。

核桃全麥麵包中少少的葡萄乾。事實上被嵌在任何東西裡的少少幾粒葡萄乾皆好吃極矣。可見「少少幾粒」洵是關鍵，且要在他物之旁。

涼麵上的黃瓜絲。

蔥烤鯽魚上的蔥。

福州或潮州冬粉湯裡的冬菜。

生煎包子上的芝麻。

韭菜包子裡的粉絲。

素菜包子裡的油條。

滷肉飯旁的一小塊醃蘿蔔或醃苤藍（南門市場旁「金峰」）或蘿蔔乾。

麵攤上剛撈出滷鍋的豬頭肉，老闆一片片切下抖動的肉，肥瘦中還有筋、皮、軟骨，入口香腴。而如今，我凡吃家庭包的白菜豬肉水餃，便覺清爽舒暢。某次旅行香港，走在路上嗅得一味道，甚香甚熟甜，並且這味道似曾相識，低頭探尋，發現是睽違多年的小顆粒的土芭樂，當場買了一磅，一口咬下，香甜奶白的口感，真讓我回到三十年前的快意。

很多這類感受，使我身體舒服，使我精神滿足。而這些令我舒服滿足的零碎小東西愈是豐繁多變，愈是使我對某些單一小嗜癮不至太依戀；像美國人到了外地見有可口可樂或Hershey's巧克力條便已極驚喜，趁機多買多吃，我與我的同輩則沒有可樂或巧克力根本不覺得有啥關係。言及Hershey Bar（賀喜巧克力條）突憶《霹靂神探》第二集（*The French Connection II*; 1975）男主角金・哈克曼到法國緝毒，法國同僚幫他買來漢堡及巧克力，他說：「這巧克力不對，你要買Hershey Bar，Hershey Bar才能吃。」

西洋人即使到了遠鄉異國，也盼找一海灘重溫少時的懶躺日炙，而我口嚐芭樂，竟懷念的是葉子殘黃樹皮脫剝的芭樂樹所在之蕪雜田野。

稀飯佐物（小時印象）

麻油鹽稀飯——現在的麻油已多半不好，則不能如此吃。麻油亦會式微！時代前進之憾也。

香萵筍——也要倚靠麻油、醬油。生的萵筍，削皮切塊，若有昨天吃剩的油爆蝦，將萵筍浸在盤底的蝦汁裡，配稀飯最佳。

油條——國外吃不到而國內極易辦之物。最佳的稀飯佐菜。尤其有好的醬油來蘸時。又是最好的吸汁之菜。清朝佚名的《調鼎集》說：「用鮮汁、肉片燴，勝魚肚。」用紅燒的濃汁來燴它，固好；用魚片、大白菜燒成水糊糊的白汁來燴油條，也極宜。

豆腐——昔年清早出廠的豆腐，還溫溫的買來，蘸醬油、麻油來佐稀飯，真好。

在外國菜裡吃不到的起碼東西

木耳——沒有它，連紅燒肉豆乾燒蘿蔔也像少了些什麼似的。

筍——匆忙中燒一碗鹹菜筍絲麵，竟亦鮮美極了。吃素者亦能嚐此至鮮之物。

海帶——不只滷來吃、切絲拌成涼菜來吃，即以之慢燉作為湯底，也是良品。

——以上三項，猶能取得乾貨，華人烹食原不是問題，只是西洋食物中吃不到矣。

百葉
藕
萵筍
帶皮的雞肉（尤其土雞的皮、腳筋等常含有只吃洋雞的美國人所缺乏之微量元素）
帶皮的魚
芋頭

外食之重要

另就是，要住在外食遍佈的城鎮。須知外食於人精神之重要，甚巨也。乃小攤零食之四佈街巷，無所不在，最能激發人覓吃之想像力，東挑西揀，任意發揚。見炸粿，不想吃油；再看麵，無意喝湯；再多走幾步，遇上狀元糕，嫌它甜；又碰上饅頭，嫌它沒餡；而包子呢，仍嫌它乾；最後選它一碗蚵仔麵線，總算吃著了。然吃完還後悔它味精太多。然而像這樣的尋尋覓覓，某些驚喜感、睽違重逢感，林林總總，教人精神振奮、心思活潑，如何能不吃外食呢？

遇上便吃

路邊見有現榨甘蔗汁，喝一杯。碰上北方小館，有小米粥，喝一碗。偶見老式冰果店，倘潔淨，吃一盤木瓜。看到老頭子賣烤紅薯，買一個，或即吃，或攜家吃。甚少見推車售茯苓糕矣，偶逢，買兩三塊，自吃，也送人。乍然發現一碩果僅存燒餅店（黃橋燒餅），購二十個，自留數個，餘送人；按鈴不在，置信箱內。倘這燒餅不靈，只好請台北一干為我做試驗的老友們擔待。遊桂林，買得「綠水牌」野棗糕，一嚐，酸甜生津，購三十包，返台分饋親友。在香港，凡見薑汁燉奶，吃一碗。在廣州，見大良雙皮奶，吃一碗。

似這些遇上便吃，怕稍縱即逝，再追已追不上了。

在一個城鎮或國家，要吃得好，端賴當地投入做吃的人口之多及索酬之少。在此要求下，法蘭西雖稱美食大國，看來也是不易做到。北歐這類人口稀疏之國，當然不可能。美國這類機械代替人工之國，也不成。日本，做吃之人極多，也樂於操使人工，然索酬不少，並不理想。

窮地與閒人，是吃飯的貴族、一如生病是窮人的旅行一樣。

弄來弄去，竟是中國人所在的地域最可符合。台灣符合，香港符合，大陸亦符合。

人所有的努力，又豈不是要保有從小（早年）一直認定的價值？

而人生的過程常是要不斷去切磋這些價值。

我們中國人是不是太倚賴醬油？日本人是否太倚味噌、納豆？法國人是否太倚乳酪？墨西哥人是否太倚玉米餅、chili（豆泥）？韓國人是否太倚kimchi（蒜辣泡菜）？印度南亞人是否太倚咖哩？

通常，人選一個城鎮去住，是為了工作；有人則是為了吃飯。於是，居住巴黎、紐約、東京、墨西哥市等備是辛苦。乃吃飯太是個問題。

即以我為例，我所吃，實只是粗茶淡飯，何以這些世界名城竟沒法供養我區區一張口？素日沒去想，今日想來，自己也大驚不已。

人生如飄葉，焉知飄到了哪裡，運氣若佳，當住在一個你隨時想吃皆有不錯東西可吃的地方。

早上的：

燒餅油條（如金華街111之6），或

包子、酸辣湯（「康樂意」汀州路廈門街口），或

福州乾麵（「林家乾麵」泉州街11號），或

清粥小菜（南京西路233巷20號），或

蟹殼黃（「張小發」寧波東街2號），或

米粉湯（東門市場內「羅媽媽米粉」），或

碗粿（如彰化市成功路的「杉行碗粿」，或高雄市鼓山區延平街鼓元街口的「碗粿枝

仔」），或
虱目魚粥（台南市西門路府前路口「阿堂」）。

午餐與晚餐這兩頓正餐自然不在話下。

下午走在路上，餓了，想吃一碗
餛飩（如西寧南路開封街口的「溫州餛飩」），或是一碗
甜不辣（如開封街「賽門甜不辣」），或是一個
蔥燒餅（和平東路二段313號「巧房」），或是一碗
台式餛飩湯、魚丸湯（屏東市忠孝路14之1號「大埔肉圓」），或是一個
菜粽（屏東市信義路8之2號「大埔菜粽」）或是一個
煎蘿蔔絲餅（如信義路四段58號巷子口），或是一張

乾烙的蔥油餅，一個菜蟒（如四維路6巷12號「秦記」），或一碗
蚵仔麵線（如和平西路三段109巷1號，以前萬華戲院隔壁），一兩個
胡椒餅（原內湖路二段內湖分局對面今遷至金龍路134號「老張炭烤胡椒餅」）兩三個
菜包（如桃源街19號「三味香」），一碗
意麵（歸綏街204號「意麵王」），或一碗
擔仔麵（台南市中正路16號「度小月」），或一盤
炒鱔魚麵（台南市康樂市場113號）或是

渴了，一盤

黑糖挫冰（寧波西街108號「建中後門老攤」），一盤
米苔目刨冰（甘州街近涼州街「呷二嘴」小攤），一盤
綜合刨冰或糖漿熬麻糬（如原雙連街74號「雙連圓仔湯」，今遷至民生西路），一盤
粉圓冰（如忠孝東路四段216巷34號「東區粉圓」），一杯
紅茶（台南市中正路131巷2號「雙全紅茶」），一杯

酸梅湯（「公園號」衡陽路懷寧街口，或「金陵」沅陵街2號），一杯

現打新鮮果汁（羅斯福路三段229號「台大水果吧」、羅斯福路二段81之1號「古亭水果吧」，或長安東路一段53巷24號「喝康」），一盤

刨冰（廣州街168號「龍都」），一杯

牛奶紅茶（高雄市七賢三路150號「阿婆仔冰」）或是一杯

蕃茄汁（屏東市柳州街51號「大埔蕃茄汁」），一盤

水果切盤（如台南市府前路一段199號「莉莉水果」或台北市新生南路三段的「台一」）。

饞了，吃一塊

倫教糕（寧波西街、羅斯福路口「國鼎」），吃一塊

茯苓糕（金門街、晉江街口或公館捷運站口不定時出沒小攤），吃一根

米糕冰棒（如彰化縣王功），吃一塊

蚵爹（彰化縣王功，或南投縣草屯市玉峰街92號前攤子）。

半夜餓了，想吃一盤

鍋貼（寧夏路32號前「家樂鍋貼」），一個

肉粽或潮州式肉包（民生西路承德路口「阿桐阿寶」），若想喝一杯

酪梨牛奶（民生西路承德路口），想吃一盤

咖哩簡餐或雲南木瓜雞飯（原泰順街16巷39號，今遷羅斯福路三段244巷9弄7號「巫雲」）。

以上隨手舉些小店，由此見出我人最好住在城鎮尺寸小，卻賣吃的極多、極老、極廉之地。這種地方，台中擴張甚遼闊，已漸不是了。屏東、北港、彰化、嘉義倒頗符合。台南市，其市街核心始終維持六十萬左右人口，而製吃、賣吃的極多，最是得天獨厚。台北市雖是大城市，然終屬首善之區，故吃景仍稱豐富。

——刊二〇〇五年三月十三日「聯合副刊」

詠米飯

廉頗老矣，尚能飯否？

京戲《魚腸劍》中伍子胥所謂「一飯之恩前世緣」。

即中國人旅行國外多日，會說：如果今天能夠吃到米飯多好！

西洋人說的 daily bread 顯然亦是。太多人說：「只有很少的一兩天我會沒吃到麵包的。」（像 Nigel Slater 所說）。

米飯是東方人離開母體後的母奶。人在荒旅倘只有米飯，沒有佐菜，也必甘之如飴。米飯冷吃，看來應是最多滋味。倘將之捏成緊實，外面包上豆皮，飯上澆過薄薄醋汁，並且混上幾分糙米，撒上芝麻，則這種飯糰何啻完美！

蘇東坡（1037—1101）的豬肉，倪雲林（1301—1374）的鵝肉，陳眉公（1558—1639）的豆腐，蒲松齡（1640—1715）的煎餅，梁章鉅（1775—1849）的麵筋，周作人的莧菜梗，盡皆是他們不可沒有的酷嗜，然他們皆必需吃米飯。

楊東山曾論歐陽修文章給羅大經聽，謂：「飯之為物，一日不可無，一生喫不厭。以其溫純雅正。」

便因米飯這主食攝取習慣，造成中國人千百年來種種文化情狀如佐配熱炒、嗜鹽喜腴、多人合食、倚戀鄉井、耽於衰落、泥於陳腐………等等，太多太多。

便因米之種植，從此中國不憂窮矣。便因米之種植，從此中國不憂衰弱矣。請言其詳。

米飯之為物，最能吸附他物之氣；油腴可入，菜滏可入，辣味可入，鹹味亦可入。米飯，君子也，與萬物皆和，卻又和而不同。

飯之麗質天成如此，故太多菜餚之功能，在於下飯。有道是：「小菜鹹湛湛，用來好下飯」，「菜滷搭湯飯，勝過鹹鴨蛋」。不論其營不營養、健不健康、賤不賤值、醜不醜相。何也？下飯也。豈不聞：臭魚爛蝦，送飯冤家。豈不聞：菜不夠，湯來湊。

為求下飯，於是菜宜厚味（太淡便不成）、多汁（乾烤之肉則與飯不甚合）。

又下飯欲速，則菜之體塊宜細切、宜劃一（肉及豆乾切絲必與芹菜之細形相當，方宜同炒同熟）。當然，切齊後，諸菜具備，方下鍋同炒，也為了節約燃料。並且趁熱同時端上。

這是炒菜之愈臻優良系統後，益發成為中國家常吃飯的不可取代之獨絕形式也。

熱炒，也為了香氣四溢，助長下飯。並且熱炒，也令油不沉凝。油炒之菜冷了，便難吃矣。

嗜熱菜成癮，便從此再也離不開飯桌，再也離不開家園了。安土保守之弊生焉。有許多人斷不願在行走中買一冷三明治當飯吃，便是此喻。

由於不下飯，中國人吃不來生菜沙拉。

西人的南瓜泥湯（以 Moulinex 碾泥器碾出者）也因不適與飯共進，無法收列於中式羹湯門牆。

牛油（butter）、乳酪，亦與米飯不堪相攜同和，故少見於中國飯桌。且看西人炒蛋，習以牛油，中國人便吃不來，何也？乃與飯同嚼，口中唾液甚感不合也。

為了久藏，令四時常備，便有醃菜（雪裡蕻、醬瓜）、乾菜（蘿蔔乾）、風肉（火腿、臘肉）。

然中國人吃臘肉、火腿，並不單吃；而是臘肉少量與時鮮多量同炒，炒蒜苗或炒高麗菜。火腿用來燉湯如「醃篤鮮」（意為醃菜滾燒鮮菜。「篤」在寧滬話裡意為沸燒）。

這些醃、風之菜皆是抹上重鹽而成，為了久藏也為了下飯。

因此中國家庭總是甕缸在地，風肉、鰻鯗懸空。似這些「吃飯的傢伙」隨時在望，便有不速客突然降臨，也能立然備出飯菜。而連下多日大雪，足不出戶，也能餐餐堪飽。當然，這一來安土重遷是必然的了。

吾人今日吃得這樣識味曉菜，動輒口味口味云云，是因米飯之發明；吾人幾百年來吃成如此衰弱，也是因為米飯。

譬以英國人為例。英國人，三明治及野餐之發明者，並且是遠足的實踐者；他們吃的最是簡陋不講究，也能甘於冷吃，卻是較我國人健強。英國人的吃法，使他們更易於獨立、易於離鄉遠行、易於堅忍寂寞荒涼。

米飯與窮國，自然是互成因果。

非洲、阿拉伯的游牧族，身無長物，移動覓食，隨獵隨掘以吃，相較之下，中國人何其倚戀鄉井。

西部牛仔在一天的趕牛之後，露宿而食，錫盤上稀稀的肉泥豆醬，就著雜碎渾湯，所謂「狗娘養湯」（Son-of-a-Bitch Stew），並有黑乾麵包，有時還蘸著咖啡吃。這種食物，習於四菜一湯的飯桌食家如何下得了口；但牛仔飯後，把杯中剩的咖啡往營火隨手一倒，捲起毯子睡覺，次日天亮，飄然而去，卻又是何等灑脫。

在我的年少時代，平日吃的是四菜一湯下飯，然看的電影卻又皆是這種飄灑不羈的景意；小孩心靈想的不是吃，是那種快意野放；暗想若有那種天涯流浪該是多麼快樂，才不枉人生一場，吃好吃惡哪裡放在心上？

——刊二〇〇三年九月十日「聯合副刊」

七十年代初「銀翼」坐落於此。

讚炒飯

二十年前浪跡美國，有一次在朋友家聊天，至夜深，肚子餓了，在冰箱中找剩菜，僅小半盤回鍋肉而已。所謂小半盤，乃三四片肉，兩片豆乾，幾片高麗菜葉，六七莖蒜苗，然醬汁凍成薄薄浮油倒極是可用，便將鍋燒熱，整盤傾入，冷飯亦放入，正好冰箱中有半顆高麗菜，連忙切成絲，丟入。

半夜的如此一盤剩菜炒冷飯，常是天上滋味。有時剩菜實在太少了，不夠，東翻翻西找找，有一小罐冬菜，一小罐蘿蔔乾，亦可派上用場。

米粒在鐵鍋上滾炙，與鍋撞觸一陣，又與空氣相接一陣，終令飯顆表面將要鬆爆開啟，卻又沾附了油之潤膩、裹包了醬料之鹹香滋鮮氣味，這便是炒飯所以受人深愛的無比美味也。

炒飯既將所有的鮮美盡皆入了米飯裡，故不論是蛋炒飯、肉絲炒飯、蝦仁炒飯、蔬菜丁炒飯（如胡蘿蔔、玉米粒、豌豆、青椒丁），終究是為了只專吃這一盤炒成的飯，於是它是不適宜再吃配菜的。且看坊間店裡賣的「排骨蛋炒飯」，蛋炒飯上覆放一片炸排骨，你吃幾口炒飯嚼一口排骨，再吃幾口炒飯，又嚼上一口排骨；即使兩者皆烹製得不錯，但吃起來端的是不能專注於飯之鮮美，反而因費齒嚼去對付排骨，連排骨的彈性與肉香也因口裡含著咀嚼了一半的炒飯而被忽略了。

同樣的，吃炒飯，配著桌前的三、四個蔬菜，也是不適合的。總之一句話，炒飯便只能單吃。

米是炒飯最本質的物件，故炒飯的選米，宜有講求。由於人在吃炒飯時是大口吞咬，不會細嚼慢嚥，故炒飯的米最好不要太費嚼勁，也就是糯米最不適合。很油亮圓鼓又內裡堅韌的米亦不適合；譬似越光米、池上米、美國的國寶米等雖是很優的白飯之米，卻未必是佳良的炒飯之米；若用這些米來炒飯，則需煮時略多擱水，煮熟後，燜得夠，而後再將飯用飯杓掏開掏鬆，傾入更寬廣的容器（如大木桶）令之冷卻並使飯粒各個分開，稍後再去炒，如此便可得好的炒飯。

台灣的自助餐店喜歡在煮飯時放一瓢沙拉油，使飯熟時顆粒分明，米氣光亮。其實火候好，何需如此？再說米質若優（新米而非陳米），米香應令其自發散透，斷不宜再受任何別物（尤其是油）之氣味籠蔽。

有人說用逆滲透淨水器所濾之水來煮飯，特別香甜。這說的是好米必須好水來煮之例。又最好以老式粗鐵鍋（上覆木頭蓋子，腰間的鐵邊向外橫出用以架放灶上者）慢慢燜煮。並且用柴火。

台灣已是米的天堂，米備極精潤濡彈，柔膩香澤，但較傾近於壽司口感的糯度；昔年在來米的口味今日已漸屬絕響，嶺南及香港流行的絲苗米在台不甚可見，而泰國香米在台灣也嚐不到。嗜香米者往往在僅僅二十公斤的行李限重中從香港帶個五斤泰國香米來。

十多年前爬黃山，上得白鵝嶺，有人賣便當，一吃，竟是乾乾糙糙的米飯，幾口就吃完了。頓時憶起了睽違多年的「在來米」，感慨不已。

六十年代，太多的家庭皆知道這麼一句說法：「炒飯要用在來米。」

在來米較鬆、較粉，相對於蓬萊米的圓糯滑潤，在來米顯得賣相較差，也像是質地較次，但卻是炒飯的良物。

四十年代末，不少自大陸來台的人士初嚐蓬萊米，甚感驚訝，乃內地不少地方所食之米少有此種滑糯感受。原來蓬萊米是日據時代改良之新品種，以前內地中國人習吃的品種，則是秈米，亦即台灣所稱在來米。這幾十年吃下來，在來米已成罕有之物，可見所有人在台灣積年累月生活下來，終生活成如今這種最融渾之結果。仁愛路上那家「中南飯店」（後改成「忠南」），二十年前飯總燒兩鍋，一鍋蓬萊，一鍋在來，令客人任意盛取，十多年未去，不知依然否？

最家常的炒飯，是蛋炒飯。家家皆做，人人皆吃。家中有人餓了，馬上把鍋擱爐上，鍋熱了，倒油，打蛋，投飯，投蔥花，立時一盤香噴噴的蛋炒飯來到面前。

然蛋炒飯亦有講求。先說打蛋。有的在碗裡打蛋，把蛋清蛋黃皆打勻了，再入鍋。亦有直接投蛋入鍋，用鍋鏟把蛋大致搗碎，令蛋白碎屑可見，也令吃時能嚐到大小不一的碎塊口感。

再說炒蛋或炒飯的順序。有的先炒蛋，火不甚大，蛋成糊泥，即迅速加冷飯，若飯乾鬆，與蛋糊一混，常可粒粒米上皆滿沾金黃蛋汁，達到所謂「金裹銀」的效果。

有的先炒飯。鍋中擱極少之油，油熱，調小火，將鬆開之冷飯投入，略炒後，將飯撥至炒鍋外圍，鍋中心留空域，淺擱熟油，投蛋略炒，再與飯同炒。亦能有「金裹銀」之效。

為了不吃油，又為了不辜負好的雞蛋，又想出以下之作法。

取較鬆質之米（如在來米，如泰國香米，如安徽的米，如廣東某些絲苗米），煮至柔緩熟透，一起鍋，燙飯中加入剛下自母雞的新鮮溫蛋，拌之使勻，此時蛋遇熱飯已呈八分熟，然整盤飯猶溼，再傾入適才已燒熱的炒鍋（此鍋上完全不擱油，且已投入蔥花略煸過，並將蔥倒掉，如此這鍋面微有蔥的油辛氣，再倒入蛋拌過的飯，正好除蛋腥氣），用小火，稍翻炒，令飯收乾，卻又不焦，幾十秒後起鍋，最是香雅清爽。

倘此鍋不久前慢火乾焙過松子或芝麻，以此鍋不洗的來炒這飯，因有松子油香氣，更佳。

蕃茄蛋炒飯。將鍋用小火燒熱，注少量油，油熱後，投極紅熟、切碎的蕃茄，翻炒它，令其紅醬出現，投蛋，用鍋鏟炒碎，投入冷卻、鬆開的飯，炒一陣，起鍋。此為先炒蕃茄之法。亦有先炒蛋，略熟，便以鏟盛起，再炒蕃茄，至紅醬如泥，再投飯，令飯吸紅醬並漸收乾時，再倒入適才炒好的蛋，同炒便成。

流浪美國時，也曾在餐館打過工。有一回在聖路易，幾個同事下了工，去接另一個同行，此人在郊外的「雜碎」店（chop-suey shop）幹活，這類店有時必須開在窮區，如黑人聚落，往往只售外賣（一如快餐）不接堂食。為了安全計，售賣口弄成鐵窗式，像當鋪一樣，以防搶劫。他曾有一觀察，謂：「你知道黑人最欣賞中餐館哪一樣食物？我告訴你，炒飯。尤其是蝦仁炒飯。」

蝦仁炒飯，有如此大的魅力。黑人中愛吃這道食物的，多之又多。不僅僅在窮區雜碎店，高級的餐館亦多人點。他們有一種對蝦仁這種奇鮮之極的口味有其原始體質上之不可抗拒的強需。我們太多同事皆有相同之觀察。

老實說，好吃的蝦仁炒飯是不易在美國吃到的，因美國不用小的河蝦。即今日台灣的老字號佳店的清炒蝦仁、蝦仁炒飯亦不甚能取得小的河蝦矣。然而蝦仁炒飯便硬是需要此種稍微多炒幾下便似將碎的弱質之生卻又麗質天生的小小河蝦，並且費上不少剝蝦人的耐心與工夫，方得成就。七十年代初，猶在信義路東門市場旁的「銀翼」，清炒蝦仁極好，用的自是小河蝦。歲月如梭，早已是歷史了。

很顯然，台灣也愈來愈文明，文明到有些細瑣牽纏之類食物也只好逐漸犧牲掉了。十年前在杭州，進一家個體戶小館，叫一碗蝦仁麵，三塊五毛，見他從玻璃缸中撈起五、六隻瘦小的活蝦，現剝現烹，霎時麵上桌，雖只有幾隻小蝦仁，幾片筍片，卻鮮美中涵醞著淡雅。然今日亦不見矣。

江南水鄉密佈，最是品嚐河蝦的天堂。今日蘇州觀前街太監弄的「新聚豐」的清炒蝦仁，倒還是用每日現剝的小河蝦來做，倒是難能之珍的佳店好例也。

是的，炒飯，它確實教人沒法抵擋。

——刊二〇〇四年九月三十日「聯合副刊」

餃子

倘可能，我樂意每天三餐裡有一頓是吃餃子。

餃子最完滿，麵皮中包著肉及菜，肉腴菜清，不油不澀，渾成一體，每一個自成圓足天地。襁褓嬰兒半玩半吃，大半天總算吃了三、五個；壯丁大口囫圇，霎時三、五十個掃光。然兩者所得，皆是同樣的鮮美。

餃子之為物，最是豬肉與白菜的知音；令麵皮將這兩樣鮮物緊緊包起，不與水接（如煮湯）、不與油混（如炒、如滷），不與鐵網、火苗、煙氣（如烤、薰）相近相觸相陶鎔，而豬肉與白菜看似尋常之至清至鮮得以全存。

吃時，薄薄的米醋蘸一下，送入口；再不時喝口餃子湯，原湯化原食，真好。我不擱醬油，更不滴麻油（恰想起三十年前餃子店是拿了麻油壺到你的碟中滴上幾滴，不是放桌上任你自加的）。

不滴麻油是有道理的。除了這十多年來多處的麻油已很難吃（不管標不標榜「小磨」）、又麻油這東西偏生嬌嫩不堪混製快製大宗製而致有浮腥氣（另一種ㄏㄠ味。吃完後打嗝有油味，可驗）外，最主要者，乃我吃餃子正為了少吃油。

家中包的餃子（不管任何人家包的），我可以吃三十個，甚至四十個；若沾了麻油，可能只吃得下二十個。老於世故的妙手神醫聽到這一段，已可度測我肝膽強弱矣。

家中的餃子，即使用外頭切麵店買來的餃子皮，也常包出好餃子。甚至用買來的餃子皮，人吃得下更多個。大白菜餡的、小白菜餡的、瓠瓜餡的，都好吃。牛肉餡裡放芹菜也好。韭黃餡、韭菜餡，偶變口味，也不錯。

夜裡餓了，紗罩下剩的冷餃子，手撈起兩三個吃，更是好吃，結果一盤全吃光。冷餃子，與冷飯一樣，常有更真切的原質滋味。然這說的是「冷」，即自然放著冷，而不是「冰」。冰箱冰過，味道便遜矣。

若把冷餃子油煎來吃，也極好。

由於餡操在自己手裡，有人希望肉少攝取些，便把白菜的份量加重，雖顯滑膩不足，卻鬆爽好消化。

這種菜故意多放，肉只是聊備一格、做為融聚成形之用的日常餃子吃家，逐而漸之，搞不好還想些新材料來做餡；講究養生者甚至把打蘋果汁（用Juiceman或Champion juicer等機器）分離出來的渣，也以極小的比例加在豬肉、白菜裡，多出一絲甜香清澀的味感。他如芭樂、黃瓜等皆是極佳的養生餡料。紅蘿蔔的渣，當然，極度不宜。

外頭的餃子店。這說到痛處了。台北市這樣一個佳食城市，硬是找不出幾家像樣的餃子館，名氣愈大的，愈是差得離譜。倒是十年前被老同學帶到他家附近的「高家餃子館」（羅斯福路五段武功國小對面），見幾個老人家有的擀皮有的包，有的只管下，各司其職，倒是味道不錯。

三十多年前通化街的「安胖子」，雖深處幽巷，餃子也頗有名。近年來專營量產，只賣冷凍，不賣堂吃了。

餃子沒有秘方，即使豬肉不用手工細剁，只用絞肉，也絕不是問題；菜下了水，扭掉汁，剁碎擱了鹽，些許醬油，就這麼做餡來包，便是好味道。有人要放薑末，為一點辛沖氣，也希望壓壓肉腥，當也可以。有人擱些味精，令其鮮（唸「軒」）一點。有人擱些麻油，令其香滑。

然餃子店的餃子硬是有某種怪味道，並且不是一家如此，是家家如此。我想了很多年，只能猜想必定是開店者對最簡單基本的調餡方法有一襲難以言說的職業腔下的沒信心，而至下了一些手腳，不管是下了一些粉或是調料；總之我們說餃子店的肉「怪怪的」，並非它不用豬肉牛肉，而是它的豬肉牛肉是被調製過的。

煮餃子倒是有訣竅。曾聽一個內行人說：「開鍋煮餡，闔鍋煮皮。」

餃子若成市民小吃，店攤林立，而我家巷口又有老店，年久相熟，真希望每天回家時，到店裡稍坐，混一碗餃子湯喝。

進餃子店，問你喝什麼湯，你若回答「給我一碗餃子湯吧」，倘這是一家舊日北方鄉風的餃子店，他絕對不會面有失望之色。雖然這碗湯不算錢，而蛋花湯、酸辣湯、玉米湯固是他原本希望你點的。但他樂意提供你，因為吃餃子原是喝餃子湯的。

現今的台北，餃子店有減少之勢，以及餃子做得難吃，實顯示過日子觀念之式微，甚至可說，世道之凋敝。

這情形也可同參於台灣人住屋之陋劣，同參於書籍印刷（字體鑄選之難以入眼，用紙之動不動「雪銅」云云，裝訂上膠硬之令死、無法展頁，封面繪圖用色之因循彩麗以為社會富美進步表徵之自慚形穢潛念）之最最不堪，皆顯示近二十年世道凋敝之不得不然。

簡單本色，或許就是最難的。北方百姓俗話，「好吃莫過餃子，舒服莫過躺著」；躺著，也有秘方嗎？

——刊一九九九年九月二十三日中國時報「人間副刊」

自助餐

此處說的「自助餐」是台灣到處可見的那種小店，非指大飯店的 buffet 也。

我自高一起，因學校允許中午外食，若不帶便當，常常在校門口吃自助餐。濟南路、紹興南街、青島東路、林森南路，到處有菜色繁多的自助餐店，可以說六十年代中後期是台灣式自助餐的黃金時期。從那時起，自助餐便成了台灣平民飲食文化中最習見的風景。

自助餐館之優點：

一、人各菜只取一瓢，能嚐多味。

二、它的青菜很多，平日家中或菜館不可能一人有如此多選擇。

一九六二年，襄陽路（約當懷寧街口）開了一家「速簡餐廳」，我父親一來因上班地緣，二來也趕新潮，帶我去吃。算是我見過、吃過最早的規格嚴正、甚具機關「制式」版本的自助餐店。名喚「速簡」自不免採取「新生活運動」所揭新、速、實、簡那種公務員樂於認同之吃飯觀念。每人捧著一個長方大鐵盤，上有幾塊圓形方形的凹槽，以盛不同的肉或菜（大約亦有一槽可放香蕉）。這種鐵盤直至七十年代初仍有地方沿用；醫院附設的餐堂自不在話下，台大法商學院宿舍附設餐廳似乎也是。看來賣民藝品的古董店或是將來愈來愈可能開辦的台灣常民生活博物館，除了展出小學課桌椅、老月票票根、蒸便當的學號牌，搞不好連這種自助餐鐵盤也會聊備一格。

有人生活上是升斗小民，但在進餐館吃飯上，堅決不令自己露出升斗小民的模樣。其中最不屑者，是進小店吃自助餐。有時還以「不乾淨」為理由。

旅居外地多年的人，回台見自助餐店青菜恁多，興奮不已，國外何曾一次吃得到那麼多青菜？然吃過一兩回後，便不進了，乃這些種類豐多的青菜，最終仍無法提供人們的食慾，以及對其潔淨的信心。

日本來台的留學生，初見自助餐店有如此多便宜的青菜，——須知「野菜」在日本甚為昂貴——原打算從此要做其常客了，然而沒有。為什麼？自助餐店菜的陳設，硬是令人不會恆常的深愛它。

倘若自助餐普遍做得精潔、做得好，那它必是我吃得最多、最頻去的店。它將也會是台灣最有趣又最有前途、又最應當的平民用餐文化。

我一年在外要吃一千多餐，其中大可有不少是自助餐。然而沒有。為什麼？主要它們的菜色太多了；小型的店也有三、四十樣菜（如辛亥路二段171巷的「今一」或羅斯福路一段53號的「上群」，或如高雄瀨南街218號即「老蔡虱目魚粥」對過），大型的店（如長春路305號的「廷園」）竟有七、八十樣菜。便因菜太多，便洗得馬虎、炒得馬虎、擺佈得必然凌亂令你不能專注並很有食慾的選取菜色。

洗菜乾淨、掐摘菜葉仔細的自助餐店，主要在於店主個人的生成氣質；已遷走不做的辛亥路一段34巷3號（亦是羅斯福路三段269巷）那家小店，便是這種少有例子。民生東路五段212巷的「來來自助餐」算是洗菜仔細、配菜用心的店，而他的甜湯之調製、白飯烹煮之潤透，已可稱自助餐店中難得者。

倘一家店只有十五種菜，譬似將三個家庭飯桌上的四菜一肉加在一起、放到一家自助餐館，那麼任何人選起菜來會多愉悅、會多有食慾！索性舉出例子：

一、紅燒肉燒豆乾黑木耳
二、炸鱈魚
三、牛腩燒蘿蔔
四、炸排骨

——以上四葷菜

五、醬燒茄子
六、蕃茄炒蛋
七、雪裡蕻百葉

八、豆豉苦瓜或苦瓜鹹蛋
九、蒜瓣空心菜
十、清炒花椰菜
十一、清炒四季豆
十二、炒絲瓜
十三、豆腐皮燒大白菜
十四、油燜筍
十五、銀芽青椒絲

傳統上，自助餐店，因為由菜場早飯小攤（在台南，被一逕稱做「飯桌仔」。像屏東市福建路78之1號的清粥小菜，像淡水中山路50號的那家）之形式轉來，菜色中比較不備牛肉。乃牛肉在本省農耕文化與佛教信仰之飲食中原是罕食之物。

菜場早飯小攤，且別小覷，常有極佳廚藝；像南京西路233巷20號（永樂布市對過），像公館水源市場二樓30號攤，極是可口。尤值一提的是，前者雖賣清粥小菜，菜價並不便宜，一小碟高麗菜或冬瓜或茄子，要20元；一小碟地瓜葉或豆豉苦瓜，要30元；往往一頓早飯吃下來，常100元。但我仍常去，因它的開店概念很佳：菜不過多，陳設優良；口味清淡，湯湯水水，很有老年代台式農業社會家庭吃飯神髓；蔬菜選擇很合我脾好，如高麗菜、冬瓜、豇豆、刺瓜。至若它價格訂得高，足見店家對自己的飯菜甚有信心，而吃者大多是常客，顯然知音亦極多也。這樣的店，最足讓自助餐業者揣摩。

台式傳統小食鋪，猶記一家，在武昌街近重慶南路口，收了好多年了，七十年代初賣得好料理，遠流、遠景、長橋出版社的當時年輕老闆們亦常光顧。吃之前，常已在附近的「明星」喝了許久的咖啡，肚子早許餓了。它的菜亦是先炒好，魚亦先煎好，置案上，任客人選點。飯裝在木桶裡，保其溫潤。這種小食鋪菜色不甚多，如同每一樣皆是老闆特地做給客人吃的，不會像自助餐店做一些多到老闆自己都不會想到去吃的菜。

自助餐店有幾種菜，平常家中不甚有人做，亦不見於飯館，如甜不辣炒韮菜，頗奇特之發明。如鯊魚炒蒜苗，間襯一些芹菜，這菜蠻有趣，也好吃。豆腐皮炒白菜，這道小菜亦頗聰明，乃它清淡卻又富含滋味。館子裡見不著，家中亦不易見。草菇炒荷蘭豆。此菜之發明亦很妙。韭菜炒鴨血（或豬血），這菜當然家中也做，然館子卻較不做了。最有趣的，是胡蘿蔔絲炒蛋，此菜在六十年代我唸高中時便常見自助餐館如此做，卻家庭一直沒人跟著做；家庭做的仍是蕃茄炒蛋、蝦仁炒蛋、與客家菜館永遠列入菜單甚且近十幾年又流行的菜脯蛋。卻硬是沒有這道胡蘿蔔絲炒蛋。可見選菜習尚與級次認定之堅守也。又這胡蘿蔔絲炒蛋實在太深入自助餐業者的人心了，故居然素食自助餐店（如台大附近「彌勒」）也自然而然有這道菜，只是它的「蛋」用的是豆皮罷了。

煎帶魚，絕不易見於菜館，雖然家中、自助餐店及菜場台式簡易食堂皆常備；乃它被認為「上不了台盤」。餐館之魚，昔日必是帶頭帶尾完整一條者，如黃魚鯧魚鯉魚草魚吳郭魚甚至即使小者如蔥烤鯽魚等是，近日亦賣截成段者如鱈魚等，說什麼也不取帶魚。

蕃茄炒蛋，自助餐館常勾芡，並製成甜味，甚不好吃；而且不只一家如此炒作，足見台灣坊間之口味頗能相互薰染成習，且常成為陋習。

又國人用蕃茄，不似地中海國家之尚紅潤熟透，而是連半青半紅的蕃茄也用上。炒蛋用此，更是韻味不足。

某次見一自助餐店正要煮飯，將生米放入大型電鍋，加水後，又見他自沙拉油桶中倒出一小碗油，將這油注入。我見狀，問他放油為啥？他說：「這樣飯煮出來會顆粒較亮。」一噫，這種思想便是最能得小生意人之心。這種「秘方心理」老實說，害人不少。蕃茄炒蛋這道菜去勾芡並調成甜味，想亦是同樣心理。

後來我又探詢了很多店，竟然連極多的有規模餐館也幹這事。可見這秘方流傳之廣。事實上沒擱油的飯，香潤多矣。

然經營小館的人硬是相信去做上一做某個動作，會心理上覺得比較出奇制勝。

試想自助餐店開得小而菜色少而精美，令人每樣幾乎都想嚐，這種小館，倘讓人覺得乾淨，對老闆配菜的品味又很信任，其實連大餐廳也未必及得上，不是嗎？

至於說菜是先炒出來的，常擱冷了，似乎沒有餐廳能現炒來得理想云云，亦是無謂之語。永康街「秀蘭」，玻璃櫥裡事先做好的小菜便極好，如烤菜，如辣椒鑲肉，如烤麩，如蔥烤鯽魚，如四季豆，如油燜筍等，老實說，兩個人進秀蘭，只點四五樣小菜，再叫一碗菜飯，其實最見出秀蘭這店的佳美之處。

說了這麼多，其實自助餐原本是極有可為的吃店形式；然自六十年代至今，四十年了，仍然沒有像樣的自助餐店，顯然它有某種如宿命式的難處。也就是，想把自助餐弄好的人恰巧就不是現下在開自助餐的人。可以說如今坊間的千家萬家自助餐店，店東認為自助餐就該是現下的樣子。你說它不乾淨也好，你說它菜色太多也好，你說它為什麼一定要放味精也好，你說它飯裡放一瓢油也好，總之他就只能弄成現在這樣子，不是才說了嗎，大約是因為宿命。

——刊二〇〇六年八月二十一日「自由副刊」

桃源街，典型的小吃街。

便當最惠台灣

台灣每日倚賴便當一飽的人口，何止百萬？

便當份量恰好，一飯數菜，每色只嚐少許，既豐富又量不過多，於工商社會最稱便利亦最健康。

便當菜有考究：

一、不宜溼。像絲瓜好吃又清爽，然不適宜做便當菜，太溼。

二、不宜脆炸。裹了粉去炸的東西，如排骨，捂在便當的溼氣中，便不宜了。故排骨油煎後，擱醬油再略燒，這種做法便是適合便當。昔日鐵路便當即是。

三、適合塊狀物，以其有嚼頭。故滷蛋甚好，蕃茄炒蛋則稍不及。滷蛋半個更是絕創，乃僅得小口小口品嚐，益顯其珍。豆乾亦甚好，須滷得正好，不可過鹹過爛，且一塊便夠（「滷蛋半個，豆乾一片」，宜為便當店對聯）。

四、適合醃醬物及重色燒製物。吃排骨，總想嚼些酸菜，這便是醃醬物。而紅燒蘿蔔或江浙烤菜（尤其是芥菜梗子）便是重色燒製物。

五、宜冷吃。這便是便當的神韻。中國人好熱食，實則冷飯頗好吃，而冷便當亦是佳物。米飯，何其有意思食物，而便當，是米飯極緊要的一個版本。

只賣一味主菜如排骨的便當，其實足矣。然周一至周五的三四樣配菜，宜於巧思調配，辣椒鑲肉當也可有。滷過的黑木耳三兩朵其非甚美？芹菜、豆芽、海帶所構成的「三絲」洵是清爽脆口。

有一朋友生意失敗了，他的太太做得一手好菜，我說何不中午做它幾十個便當，雖是小技，但亦最見你的品味、最見你的功力，我呢又很閒，可以幫你提著去公園賣（如台大近處的溫州公園），搞不好兩三天後便聲名遠播。

好的便當，要令人即使坐火車去中南部玩，也必須先去你那兒買上一個，才願登車，以便待會兒在迢迢苦寂長途車上慢慢享受。

這種便當台北若有，我自己就會這麼做。

朋友間閒聊不時會說什麼「台北吃不到好便當」啦，什麼「巷口那家『池上便當』不錯是不錯，但小菜還是太單調」啦…………等等之類，我在想，若是某位媽媽心血來潮，今天一大早在家多做了十倍的飯菜，十一點時將它裝成一、二十個便當，也如我剛才所說，拎到公園去賣，不是要圖發財，只是有興致，只是露一手，讓外人嚐嚐佳味，試想這會多有意思！

倘每天中午，台北頗有七八個像「美食公園」的場所，總有好幾撮的業餘烹製者在售賣個人自製小數量（如一、二十個）的便當，那會是多好的吃趣！而有些便當不必太過拘於一主菜、三小菜的格式；例如我小時吃的滿盒的菜飯，上覆六、七只油爆蝦，這種速簡卻深有家庭溫馨的「另類便當」，有可能往往更受出門在外吃頭路的人之喜愛也說不一定。

倘北方人把麵食做在便當裡，有何不可？譬似寬的家常麵，拌了炸醬；或是乾的麵疙瘩；甚至更簡單的，水餃。

乃這些都是當天早上做的，一來應可約略保持不軟爛，二來口味是硬碰硬的，倘客人不喜歡，你拎回去只能倒掉。故沒有兩三下手藝，又沒有炫耀身手的榮譽心，大可不必營此。

而好吃的台北人，每天十一點半左右，在這七、八個公園張望，找尋他最想吃的便當，那又是多大的福氣啊！

——刊二〇〇五年一月《聯合文學》二四三期

菜碼之美

一九八三年，在美國初嚐韓國華僑所開餐館的「炒碼麵」，端上來的卻是一碗湯麵，裡頭有什錦海鮮、有肉片，有 zucchini（義大利黃瓜），有胡蘿蔔片，或還有高麗菜，料豐湯美，然這「碼」究是什麼？

在美國的中國餐館，有一種職務，叫「抓碼」，算是「炒鍋」的助手。便是將炒菜師傅要炒的配菜，替他先抓齊。

於是這「碼」，指的是「配菜」。如客人點回鍋肉，抓碼的便從切出來的各種菜中，抓出豆乾、蒜苗、高麗菜，以及白肉片，放在大師傅旁邊。

但為什麼要叫「碼」？我始終不解其故。後來在清人徐珂的《清稗類鈔》中讀到北人「將進麵時，即有生蔬如豆芽、黃瓜絲之類數小碟陳於几，曰麵馬，意以此為前馬之導也。」這倒可能用來解釋。

中國菜在古代以何法烹調，或許不敢確言；但近幾百年，「炒菜」顯然是主流的烹法。主要炒菜最省烹時，連帶的便省了燃料。又為了投鍋同炒，便將諸多食材切斬成相近大小，以利同熟；便有這眾多食材可以合投一鍋，便平白增加了許多燦爛的菜碼文化。

像乾煸四季豆，它的菜碼極重要，雖然看起來烏漆嘛黑，卻是令主菜四季豆變得極富滋味的功臣。這些菜碼是什麼？有肉末（我不吃蝦米，故將蝦米換掉），有蔥末蒜末薑末，又有榨菜丁、胡蘿蔔丁、蘿蔔乾切丁，若願意還加少許的豆乾切小丁，甚至還可加乾的冬菜。

如此一盤乾煸四季豆，只有主角四季豆是清晰可見的綠色，且是條狀，其餘的菜碼皆炒成黑褐色的小屑狀，但卻是美味的來源。

肉絲類的菜，最多菜碼。像青椒肉絲、豆乾肉絲、韭黃肉絲、芽菜肉絲等，除了肉絲是主角，其餘的青椒、豆乾、韭黃、芽菜皆是菜碼；有時亦有人將這幾種全湊在一起與肉絲同炒，令之更豐也。

菜碼多的菜色，往往是比較平民化或實惠的做法，且看抗戰過後川菜（或雲貴湘等地的西南食物）大大流行於全國，有其貼近普民的長處。那些不帶菜碼的「大塊文章之菜」如清蒸全魚、北京烤鴨、東坡肉等，單一性太高，不是人人隨時可以對付的。

又近時人注重清素，常常樂於吃肉邊之菜，也造成菜碼有時比主菜更受歡迎。突然憶起有一次受邀在香港的山頂某朋友家吃飯，席間先吃了幾道豐富厚腴的菜，接著來了一道清爽之菜，一入口，以為是大白菜絲炒粉絲，咀嚼再三，才知是魚翅，但弄成如同粉絲，圖一種清脆遠膩之淡雅味也。此舉也，乃主人有意將魚翅亦安排成菜碼一如青菜者。

為了多攝取菜碼，連小小一道烤麩，有些店家也開始加多了菜碼，除了冬菇、黑木耳、金針、筍片，甚至再多上一兩片胡蘿蔔（添些紅色），多了幾粒毛豆（添些綠色），多了幾條海帶。如此下來，烤麩本身，便不用吃那麼多了。

我最喜歡的一道菜碼豐富的菜，是回鍋肉。常見的回鍋肉，除了肉要連皮帶肥帶瘦，皮上毛要拔淨，且肉要片得極薄；再來是豆乾，刀要偏過來切，令豆乾的面要寬些，也薄些；再就是主要的幾味碼；高麗菜、蒜苗、大青椒。這幾樣東西與豆瓣醬、紅辣椒同炒，便已是鮮美的一道菜；其中豬肉的香、豆瓣的鮮、花椒的麻、豆乾的嫩、高麗菜的柔腴、蒜苗的甘甜、大青椒經油炒的酸香氣，完美融和於一盤中，是中國菜最妙手天成的發明。但由於此菜是大油快炒菜，有的人便更巧思的加進了更多菜碼，像大頭菜切片（使解膩）、筍片（令更脆鮮）、胡蘿蔔（添些助熟之氣），甚至幾絲芹菜絲（令此盤多些筋勁）、幾片黃瓜（令之生脆）、幾葉荷蘭豆（恰好是「扁平」食材之相配物，又富甜香滋味），這麼一來，它可是一盤菜碼多麼富美的佳餚啊。

我常讚歎，回鍋肉是中國飯桌尋常菜中完備度最高（即連肉也有皮有肥有瘦）又最家常清貧之中國味也（蒜苗之綠，辣椒之紅，高麗菜之白，冬筍片之黃，肉片之晶亮透明……完美！）

回鍋肉吃剩了，半夜自冰箱取出，不需加熱。另外盛一碗冷飯，在鍋中隔水蒸至極燙，再將此飯倒在回鍋肉的盤裡，熱飯沾著盤底微泛紅油的菜汁，同時將剩的一兩片冷肉燙熱，稍稍拌個幾下，就這樣呼嚕嚕的吃下肚裡，這當兒，世間還有比它更美味的東西嗎？

這幾天冷颼颼的，寒夜深寂，索性想上一道熱騰騰的菜來驅一驅無聊。

——刊二〇〇八年二月二十九日「聯合副刊」

30

說素菜

已有頗多的人每隔幾年會在心中浮起「我是不是應該吃素了？」的念頭。在這個動盪紛擾的塵世、在這個對眾多事態嫌惡的俗間、在畜牧生態的劣質改造之時時接聞下，是的，人不免會有此想。

事實上，家中平日飯桌上的四菜一湯，常常有一半是素；這葷的一半，如一盤魚及一盤肉，倘將之換成素菜，似乎也不至於下不了口。另有一些家庭，葷菜壓至最低，絕不吃大塊肉，只以少許肉絲炒多量蔬菜，如牛肉絲炒青椒，則只擱極少牛肉而多放青椒，更甚至加入豆乾、胡蘿蔔、芹菜等令蔬菜量頓時增高。至於那每餐的一鍋湯，也只用骨頭熬底，大量放蘿蔔或冬瓜，並不在那湯中吃肉。

許多人皆有一想法：可否進館子不必進到坊間所謂的「素菜館」而仍能點到很多的素菜？

有些菜，你平日便常吃，如十香菜、醋溜白菜、醋烹掐菜、酸辣白菜、花菜炒冬筍、涼拌黃瓜、泡菜、涼拌大頭菜（苤藍）、豆乾海帶絲等，它們全沒有肉，亦未必旁襯蔥蒜，你吃著這些菜蔬，並不感到在吃素，覺得尋常之至、平常心之至，但在素菜館卻從來吃不到這些。

對，我真的只是想點幾道沒有雞鴨魚肉的菜餚，但又無意走進「素菜館」，可以嗎？如一盤黑木耳、胡蘿蔔、燴豆腐皮，一盤炸牛蒡片，一碟蕃茄炒蛋，一盤用蘿蔔乾、豆豉乾煸的乾煸四季豆，再加兩盤葉子類的蔬菜（如豆苗，如小白菜，如菠菜，如黃芽白）。若前頭要吃涼菜或醃漬菜，如泡菜，如涼拌香萵筍，如台式的涼筍或涼拌茄子，如此已是頗稱豐盛了。

傳統上言，素菜館的問題，有的是宗教問題；且看它放的音樂，便有一種懾人的氣氛，而你精細體察這氣氛，剎時還有一種 funny 感受。

且不說它的牆面佈置，的有一股警世意味，又你再多坐一會，自其空間中另能嗅出某種愁怨情氛。

否則它的有些菜，如生的苜蓿芽、清燙的秋葵等供人自助取用，我亦很愛吃。至於它的五穀雜糧飯，那更是最造福人群之物。

素菜館中最不堪者，是將素餚弄成動物形體模樣，好似隱隱示人：「吃吧，這根香腸及這片洋火腿，多好吃的樣子，吃吧，吃進去後又完全沒有攝取到動物脂肪，並且也沒有殺生，對菩薩也有交代。」

素菜館不但在擺設、佈置、音樂氛圍上要弄成它獨有的「講道性」，其實它在菜餚的設計上，也弄成一襲求道感下的排他性。

還有，素菜館裡出現的人，亦是特殊風景；尤其是十年前。且不說原本先天體質不佳或動完手術潛心養病、恢復身心的那些體貌稍顯突出之人，或是身著僧服的出家人，這本是素食館最基礎的客群，吾人斷不可嫌其外貌。倒是有些道場外圍熱心者，有些改良式唐裝或是蠟染布袍的穿戴者，有些原該在政治界、金融界、風月界或任何令他極可專注、矢志前衝之界卻今日不知何故來到了這裡卻眼神中射視著要選的菜、選完付錢時之急慌、坐下吃他盤內菜之齒唇猛咬狀態，或許說出他不久仍要回返原先顧盼自雄的那些界。

有不少在素食館出沒的人，確實在普通菜館不易見到，或你不會念及他所顯現出來的怪異感。便這一節，「素菜館」便予人某種「特殊場合」的印象。十多年後的今日已大有改善，並呈現豐華有趣的風貌。有愈來愈多令人看來怡悅的風景，如少女、淑女（往往她們點較少的菜，吃較多的雜糧糙米飯，並很愛嚐果凍或麻糬等甜點），如打拳之人或運動員，如老外（這些人你偶在郊外的自行車道或攀岩時再次遇見）等。這便是十年來自然的變化。且素菜館放的音樂，也從「南無阿彌陀佛」六字反覆唱誦逐漸演變成今日不少店已放西洋式的心靈音樂了。

老實說，台灣是吃素者的天堂。不但一年四季常供的蔬菜極為豐富、極為便宜，且供應素食者的菜館、小店、攤肆也極普遍，極為吃素人設想，傳統以來便是如此。這是台灣人得天獨厚之處。

香港的菜蔬供應亦極豐富，但放眼去望它街上的素食館，卻不普遍。又粵菜這一菜系太過成熟燦爛，人吃著實感太是佳妙，變成了香港市容最主宰的食館風景，自然而然把素食館給割捨了。

日本，最深諳清淡之美的國家，但普遍而言，並不怎麼有「吃素」這個觀念。「精進料理」，只是很少館子有，也很少受人常態性的念及。再就是，這個國家的菜蔬，雖栽植用心（悉心培養，用肥謹慎，有的甚至不用農藥），質地亦佳，但產量不夠龐多，同時價格極昂。

台灣素菜館最佳的形式，是自助餐。十來年前的「塘塘」、「桃花源」等，是它最完備豐美的店家實例。可惜前些年收了。即今日台大附近的「彌勒」、「如來」，亦是惠人無數，尤以台灣各素食自助餐店近年又融入了不少生機飲食的觀念，如水果與生菜先食、熟菜與雜糧飯後食、如精力湯之普遍，凡此等等，實無量功德也。新開的「棉花田」，以推廣生機飲食為主，亦有簡餐之供應，客人如梭，真一派清美之好氣象也。

台安醫院地下室的「新起點餐廳」，算是健康飲食之最高實踐。雖不強調吃素二字，卻完全是蔬果調製出來極富變化的諸多菜餚，生的與熟的兼備，最令人折服的是它的「幾乎不以油炒製」這點；須知吾人在坊間吃素菜最難者，便是菜太油。「新起點」又要不用油，又要烹調得滑潤可口，且看它需要多麼下苦心。

近年遷到永康公園邊的「回留」，是西餐佈列式的素食套餐，此店的店東必然巧思獨運，令一盤有飯有菜的套餐，在菜色之周備、嚼感之豐富、糙米飯上撒綴的綠屑香料、紫蘇類醃製的梅或他物、諸項等等，弄得賞心悅目並滋味清美，幾乎稱得上國際水平的素菜Nouvelle Cuisine了。

有時你在素食自助餐店，見人取出自己帶來的筷子，再打開自備的餐盒，這時你知道台灣其實很可以經營出極好極惠人的自助餐館，試想每人只取自己要吃的一、兩碗飯，自己要吃的五、六樣菜，而大夥坐在自己位子上，眼觀鼻鼻觀心的一口一口咀嚼，不管你是學生、是修行者，是失婚的婦女，是茫然不知所措才信了幾天宗教的情緒低落者，是恆毅的運動員，皆可在這裡得到最本質又可能最豐盛的一飽。

——刊二〇〇四年十一月《聯合文學》二四一期

讚蘿蔔

在日本旅行，我常說吃蔬菜是一樁困難事。不惟他們的菜種少，即使取來製成單味如炒空心菜、炒青江菜、炒油菜、白灼芥蘭、炒莧菜、涼拌萵筍、涼拌馬蘭頭等已是極少，更別說將各菜切絲斬丁做成配碼如芹菜切絲與肉絲、豆乾同炒，或切丁擱入魚圓湯中，薺菜切末包在餛飩內，香椿包在餃子中，荸薺切末捏在獅子頭裡，黑木耳或金針燒在烤麩裡，皆極不可能。

然日本卻極愛用蘿蔔，這點倒顯出他們的化繁為簡；中國人相較之下，的確比較崇尚繁華。

關東煮中一大塊一大塊的蘿蔔，與魚漿捏成之物同燒，是日人的聰穎發明，我們台灣的甜不辣小攤也皆有之。我常常在街頭見到，很希望只吃一碗純是蘿蔔、不要甜不辣不要魚丸、更不要油豆腐的湯湯水水下午點心，但有些店居然還沒法販賣。

日本天婦羅（炸物）沾的蘿蔔泥，亦是巧思，有涼化油炸之物的脆焦火氣之效果；同時醬油灑在泥上，天婦羅沾它，有塗上一層絨狀鹹汁的緩和感，而不是直接浸溼在水裡。只是日本醬油中的鹹料與甜料皆太重，味不雋逸，倘我們自己調吃，倒還是在蘿蔔泥上灑上義大利紅酒陳醋，如此以天婦羅沾之，味更香美。

且不說日本蔬菜少，還是回說中國菜中蘿蔔用得好。

從小到大，不論在家在店，在宿舍在機關，總會吃到蘿蔔排骨湯，而永遠不厭。即使排骨用的是極碎極少肉者，而蘿蔔用的是厚皮又多筋者，湯一樣鮮美。

在台北的「秀蘭」吃飯，常點紅燒蘿蔔牛腩。同桌諸客取牛腩總是盡可能取小塊，夾蘿蔔卻是兩塊三塊亦不嫌多。

蘿蔔有一種堅忍性，與大塊粗物（如排骨，如牛腩）同鎔，亦不失其本色，同時猶能馴化旁伴，相得益彰。

又它的塊頭大，有時若無法大用，亦可以削成細絲來小用。北方包羊肉餃子，常加蘿蔔絲，亦有除腥作用。寧波人拌海蜇皮，常加蘿蔔絲，除了增加滋味與生脆感，也不免帶著添多配碼的思想，即以菜碼來達到節儉之目的。這就像小時家中吃炒鱔絲，甚少像今日館子的爆鱔糊那種滿盤全是鱔的豪富氣，而是所謂的「夜開花炒鱔絲」，即以瓠瓜（因夜間開花，寧波人稱「夜開花」）切細條與鱔絲同炒，則一盤看似甚多，實則鱔絲極少，圖節省也。甚還有蘿蔔絲黃魚羹的，乃黃魚太貴，燒成一大盆羹湯，必得滿加蘿蔔絲。雪菜黃魚羹亦是同理。

但蘿蔔絲最佳之用，是蘿蔔絲餅，不論是壓成平扁去油煎，或是塑捏成蟹殼黃形沾上芝麻去烤，皆好吃。尤其是沒在餡中擱蝦皮者更好。蘿蔔絲餅何等的平民化，然坊間販售竟不太多，至少沒水煎包多，不知何故。金甌女中旁一攤與信維市場旁巷口一攤，恰皆在信義路上，也恰自下午開至黃昏，所製較好。

有道是「多吃蘿蔔少吃藥」，可見蘿蔔又是養生聖品。有一方子，蘿蔔切片，浸在麥芽糖裡，過一夜，則蘿蔔瑟縮了些，而湯汁卻多了，飲此湯汁，潤肺止咳化痰。

又蘿蔔切成粗條，在烈日下曬，連曬五六日，已縮小成半乾狀態，以之燒湯，鮮之極也。吃素者欲喝鮮湯又不需擱肉，最適吃此。

而曬至全乾的菜脯，置甕中一、二十年，所謂老菜脯者，最是寶貝，取之煮水，喝其湯，最解酒。

在北京吃飯，大夥皆必點一碟醃蘿蔔皮，既像是涼菜頭檯，又實是如泡菜與日本漬物的除膩爽口醬菜。這碟蘿蔔多是綠皮紅心，京人稱「心裡美」，既好看又好吃。北地天寒，最宜蘿蔔生長，好的蘿蔔，極甘甜多汁，又無筋渣，故昔時胡同中常聽叫賣：「蘿蔔——賽梨。」

上個月至湖北登武當山，途經襄樊，在「米公祠」旁一家館子「千福源」吃飯，見菜譜上有「醃蘿蔔皮」，當即點了，竟極好吃，連叫兩碟。

翌日上武當，在紫霄宮吃了一頓中午的齋飯。來了五、六個簡略之極的素菜，我們五個人，每人吃了三碗飯，把所有菜吃光，咸認是近二十年吃過最教人讚賞、難忘的一頓飯（還不是最難忘的「素飯」。乃這菜雖全是素的，卻完全不攜帶「素齋」的宗教色彩）。其中有一盤炒蘿蔔乾，不知是它的蘿蔔好，抑是道觀自己曬得好，總之極是鮮美。

嘻，連蘿蔔乾與油清清淡淡不加別物來炒，居然令我們幾個吃過大江南北的人也嘖嘖稱妙，可見蘿蔔真是佳物。

——刊二〇〇八年五月二十三日「聯合副刊」

零碎

餡料

粉絲——我現在甚至要說，粉絲做在餡裡，比在太多地方好吃多了。油豆腐細粉原本就沒啥吃頭。

油條——麵經過油炸，膨起的蜂巢隙室，令人歎見造物之奇。這些巢室便是蘊味耐嚼之最佳餡料。

豆腐——成塊豆腐淺淺的先油煎一下，再搗碎。包在水煎包裡，最與葉菜、蔥、甚至韭菜相合。

蛋——富彈性

乾的蕃茄丁——或是曬成半乾，或是淺炒過（有時與蛋），有棗的嚼感。

瓠瓜——北人以之包入餃子，巧思也。

蔥——加油膜，混入麵糰，便成油酥；是最好的製餅餡料。

Pizza的覆料

餡料與外烤料兩者恁是質感迴異。芝麻、松子等硬是不宜入溼潤之餡，而白菜等這類十字花科植物，永遠很能融和別的軟汁物料。白菜，與人為善之君子也。

好的外烤物，披薩最能驗之。胚餅上擱松子，很宜，以其富油脂，並形體飽滿厚蘊。芝麻覆於燒餅（大的、小的、方的、圓的）皆宜，擱在披薩上則因太小無甚使勁處。

果物要鋪於披薩上，也有講究。蕃茄必須用太陽曬乾者，一來不會水答答的，二來味道厚實有嚼勁。葡萄乾，說來也適合，最好像吐魯番那兒正在曝曬時取其曬至半乾者來用最宜，一來不太乾，肉質多；二來甜度不至過度蜜膩。茄子若做鋪料，也是好意念，只是要臻佳美，你知道，茄子不是那麼簡單的；需得搬出曹雪芹的方子：茄鯗。

《紅樓夢》四十一回中鳳姐講解給劉姥姥聽：「你把纔下來的茄子把皮刨了，只要淨肉，切成碎丁子，用雞油炸了，再用雞肉脯子合香菌、新筍、蘑菇、五香豆腐乾子、各色乾果子，都切成丁兒，拿雞湯煨乾，將香油一收，外加糟油一拌，盛在瓷罐子裡，嚴封。要吃時拿出來，用炒的雞爪子一拌，就是了。」

披薩上的鋪料，松子、棗肉（核取掉）、蒜苔、羊的Cheese等，最宜。

水牛的奶

大良雙皮奶，或是薑汁撞奶，強調所用牛奶是水牛之奶。不知是否由於水牛體肌腠理較鬆清於黃牛，而致所產之奶比較香滑不膩之故。

無獨有偶，原本義大利的那波里披薩（即如今的標準版披薩）所用的 mozzarella 起司，也取自水牛的奶。後來渡海到紐約的義大利移民，因沒有水牛的現況考慮，才以乳牛的奶所製之 mozzarella 起司覆撒在披薩上。你在紐約隨處可見的John's Pizza、Ray's Pizza，花一兩元買一片吃，嚼著起司像扯動口香糖一樣的橡膠感，難吃之外，又看不出擱起司之作用（既無酪之香腴，又沒助添油潤）；這款餅物，不吃也罷。又他們有一陋習，將蕃茄醬大量塗上，致出爐的餅，溼答答的，眼看起司的大片乾膠就要與麵餅脫開，說不出的尷尬。

故而內行的披薩店，不擱蕃茄醬，擱曬乾的蕃茄本身；更索性不漫撒 mozzarella 起司，只一小撮一小撮的擱下羊起司，如此至少還把餅弄成像餅的樣子。

不可輕易舉薦餐館

絕不可以為薦了好餐館，自己便是老饕、美食家。以評舉餐館來炫露自己深懂美味，一來已然不謙，二來此種權威常常變化，太不可靠矣。

揚州杜負翁，美食嚐遍，抗戰時期，四川一館子「滋美樓」請贈楹聯，杜便寫了此聯：

試嘗「滋」味如何，聊飲幾杯，莫醉醺醺忘歲月

慢道「美」中不足，飽餐一頓，須知粒粒盡珠璣

細審此聯，教人隱隱要猜想這館子或許菜做得不怎麼樣。

在台北，想來亦有館子央求名人、文士等題匾贈聯之事，焉能不審慎？

不吃的東西

菜上雕花（做作，亦往往難看，有時甚至土氣到了噁心地步）。

模擬動物之素菜（根本是惡俗），又常將素材料變成怪異東西，如塑膠般之質感，以求來做成像葷的模樣，委實可怕。

故意取花俏名——因名字之怪，令人疑慮東西之堪吃否。什麼「龍虎鳳」、「孔雀開

屏」。

柴魚（因而不吃蚵仔麵線。也有不少的台式食堂所做日本料理中的味噌湯亦好放）。蝦米（不吃開陽白菜）。蝦皮（少吃韭菜盒子。有在高麗菜中悄悄的放了蝦皮，則我不吃）。味精。

也漸不吃：皮蛋、培根、火腿。

冬菇（一、湯往往未必鮮，二、常會嚐到「老味」，三、嚼起來如橡皮）。尤其不喜它在餡中，如包子或燒賣。甚至放在肉粽裡我亦不喜。

干貝（理由亦約如右）。

乾魷魚。

蠔油。

和麵時擱入的鹼。有些拉麵因而不吃。涼麵也因有鹼，故吃得少。台南「度小月」的擔仔麵，倘用的不是油麵，是手打的蕎麥麵或是山西鄉家自製的莜麵，那豈不令人更想一天吃個三、四碗？「度小月」的「陳酸式」湯頭，最是獨絕全台，但用的麵，油麵，太平庸了些。

不易好吃之物

加在小籠包上的蟹黃。或是蟹黃豆腐、蟹黃茄子、蟹黃這個、蟹黃那個等等，皆不好吃。除了新鮮採自螃蟹殼上，立時來吃，其餘當作料用的蟹黃，皆難吃。

太重的八角味。

勾太多芡的酸辣湯。事實上，凡勾芡，我皆不喜。然有一樣例外，即春卷。春卷的白菜肉絲餡，必須勾芡，炒好放冷，才包。包時因有芡，不至太溼，但在熱油中炸了，一咬，外酥內溼，正是勾芡之大功也。

特別弄些花樣的作法，最終還是不好吃。白菜就白菜，奶油白菜怎麼吃就是不好吃。試過不同地方的幾十次，沒有一次好吃過；何也？這兩樣東西硬是不該弄在一道。即使故作考究的加些生薑、高湯、酒，甚至起鍋時還撒上火腿屑，硬是不能吃。

豆腐最難

豆腐就豆腐，釀豆腐也從來沒吃到驚豔的感覺過。不為別的，豆腐裡所夾的東西，不管是肉或蝦，硬是不能和豆腐相得益彰，只是各呈各味，且原先的自家本色也不見了。

豆腐常在心念中被認作好物，然不易好吃。甚至多半很難吃。

吃。

然而大家對它的印象，先天上就很好。於是便不細究這一口吃下去的豆腐到底好不好吃豆腐變成一個概念。點它就是了。於是麻婆豆腐、紅燒豆腐、東江釀豆腐、蝦仁豆腐等等便被叫了上來，接著下筷，放進口裡。好吃不好吃，就都吃吧。

除了京都那種精心對待而製出的「湯豆腐」名鋪，或香港大嶼山的大澳某位阿婆以山泉慢工老法製出的豆花，等等這些幾乎驚鴻一瞥的珍物外，豆腐，在現實中已算是「陳腔濫調」的等同字了，然而它的意象，竟還留存在「淡雅」上，亦怪事也。

豆腐的製造，固也是關鍵；連甜不辣攤的油豆腐，雖然皆難吃，然竟也互有差異，南昌路的甜不辣店的豆腐便比不上開封街的甜不辣店，甚至連新生南路聯經書店旁巷子裡的甜不辣攤也比不上。即使皆是進人家的貨，也相差很大。並且，三者皆極難吃。每隔三、五個月，嘴賤了，想吃一碗甜不辣，終還是沒忘掉請老闆把豆腐換成蘿蔔算了。

麵包

台北在世界大城市中，是麵包做得最差的一個。這方面，顯然台北最無意國際化。這一來很好，台北很自幽本土；一來很遜，很不解外人在享用起碼的佳物。

台灣人喜歡把麵包做成裝飾品，而忽略了它的本質。

四十年前我們小時有一種叫「羅宋麵包」的，橄欖形的、硬硬的，略帶鹹味，如今不見人做了。

六十年代開始，有一種本土自己發明的蔥花麵包，其實很好吃，但愈做愈差。它只要用蔥花、牛油、稍加一些胡椒粉，不加味精，烤得火候恰當，便是很好，尤其剛出爐，最香，底層也最脆。

什麼配什麼

吃完了豬腳、蹄筋、烏參之類黏黏潤潤的食物後，嘴巴甚感滿足，而唇上沾有稠質，此時最想吃的水果，奇怪，是橘子。既不是西瓜、木瓜，也不是草莓、獼猴桃，也不是葡萄、香蕉，就只是橘子最好。

吃完鰻魚飯，嘴唇亦有微小的黏膜膜的感覺，此時最想吃的，是「西瓜酪」。

這裡說的西瓜酪，實是西瓜汁。謂其為「酪」，乃只用西瓜的瓜心，最熟最沙的部份，剔掉子（當然選子較少較疏的大熟西瓜），以果汁機淺淺打之（剔掉子，乃為了不用濾網也），倒入白瓷碗，上桌，最佳。

講究的人在家以新式西餐宴請朋友，有時一道一道的上菜，會有個十來道菜，例如海膽過後，又有魚子醬，不久又有鵝肝；如此三道鮮香濃郁的菜過後，必須上一杯蕃茄水（數小時前已將新鮮蕃茄打成醬，放入紗布去滴水），以緩抒厚膩，以清新口齒，不久再續往下吃。

口味之選認

似這樣的吃飯習慣所累積的口味認感，致使有些食物便感不甚相合。

如南瓜、紅蘿蔔，富含胡蘿蔔素，然很難單獨成餚。尤其紅蘿蔔，我一直找不到一個方法來做它。而南瓜，西人很多菜及甜點皆用它，我也不知如何待它。

南瓜碾泥成湯，西人之家常，一如我們的蘿蔔排骨湯、黃豆芽湯尋常。然中國菜甚少碾泥者，能想到的，似只有芋泥。

也有人青菜蘿蔔下飯熟菜吃慣了，醃的醬吃慣了，不甚愛吃水果，以其涼隔。即偶一吃，也是營養觀念驅策，非嗜其味也。

又有人不吃白肉，凡肉必紅燒重醬才吃。這種受重醬醞養的口味，遇西人的烤牛排（正宗烤法是不抹醬的），則不堪下口。

紐奧良之例

紐奧良的吃，喜歡混雜各料入於一鍋。以求濃郁也。

Gumbo中的okra（故稱"file gumbo"），求其濃；jumbalaya中用麵糰牛油、用火腿醃肉，求其濃；即咖啡中加入乾根萵苣（chicory），亦求其濃也。

食物的酸香氣

牛肉湯中加一整根辣椒。加整個蕃茄。為得一襲酸香氣也。

咖啡豆本身之果酸感。故豆需鮮焙。需現磨、粗磨、最好手磨，令其顆粒迸裂溢出鮮香氣味，倘以冷的泉水（更安全之法是將之經過濾淨器）採滴漏法滲溼而泡酵成湯，最是醇香微具果實酸味，入口怡美。

應吃皮殼

體弱，於是更挑取食物。台北街頭的自助餐店最常聽見的一句話就是「要不要飯」？乃太多女士點了菜後，不點飯。

精米飯常使人飽漲。尤其近年大夥勞力操作較少之後更如是。同樣的一小碗飯，若吃雜糧飯或帶有皮殼的糙米飯，較之一小碗精米飯雖吃時稍費嚼力，但在胃中卻遠比精米飯更不顯得撐漲難受。乃皮殼與粉粒的間距使之在胃腸中更有活潑的推動力，當然更重要的，是皮殼中所含之維他命與其他營養素，更合腸胃全面消受之需。

且看人每吃綠豆仁所製成的綠豆沙湯，便感很實，甚至膩漲；但吃下帶皮殼的綠豆湯卻清順，由此便知。

另有人吃蘋果、吃梨，如不連皮吃，也覺過甜、過酸、或過於撐漲，同為一理。然世上竟有最殺風景事如將蘋果打上蠟者，誠可惡也。

應吃渣滓

有人愛吃泡飯而非稀飯。為了猶有些可嚼之屑塊。

打精力湯打得不甚細，乃有渣可嚼之益也。

蘿蔔糕必須有些絲可嚼，否則不好吃。故考究者，不惟需在米粉裡和入蘿蔔泥漿，尚需加入切絲並稍炒煮過的蘿蔔絲。

紅豆湯要煮得殼不脫落，卻內部的沙又不流溢。

應吃酸澀

年紀越大，越喜歡檸檬皮、金桔、柳丁汁、陳皮這類味道。有時見攤子在搾柳丁汁，連忙貼近站著，像小孩子般聞嗅噴溢在空中的沖香汁氣，頓感無比的興奮。

墨西哥的現買現吃水果攤，你就是買一片西瓜，他也取一片檸檬，擠汁淋在西瓜上，便這麼吃，除潮膩也。

年輕時不怎麼愛吃柚子，覺得苦澀；如今每到秋天，總不放過。愛它的酸，是苦澀之酸，而非橘子的甜中酸，也愛它的穿腸透氣所予人的訊息。廣東廣西盛產佳柚，菜餚中有「柚皮鑲肉」，用的是柚子的白囊，把肉嵌入，吃起來，這白囊有冬瓜般的綿沙清爽。

——刊二〇〇四年十二月十一日中國時報「人間副刊」

午後與長巷，是小吃的最佳時機。

吃麵攤

多年國外，又回台北，有一件事還是常做，吃麵攤。

小時候，家中若沒燒飯，給二元讓你在巷口吃一碗陽春麵。中學時曾經有一念頭：是否我們常吃麵攤這份飲食習慣，奠定了營養攝取不足之深基？須知那時瘦子是國民標準模型。

四十年來，「台灣吃」長足發展，加以近年西式速食也遍城鄉，人們的換食習慣可說變過幾變，但「麵攤」始終興旺不減，麵鍋水煙處處可見。據我目測，台北市應有一、兩千個麵攤。

如今市民富裕，亦肯高價消費，何以這一碗二、三十元的蠅利生意仍有那麼多人做。答案我不知道。我只能猜想：大夥喜歡坐攤子吃麵。

三、四十年前吃麵，是飽肚子。而今吃麵，是進點熱湯氣，呼嚕嚕用麵條子滑它入喉嚨，立然額上出汗，再使力擤一個大聲的鼻涕，喘出幾口淤氣，肩膀與背上的毛孔都鬆開了，神清氣爽。二小時後，要吃飯還有胃口。它的膽固醇不高、卡路里有限；不像咖啡熱茶提你神卻不給你汗、供你少水卻逼你多尿，這種中國發明——湯麵——西洋人不知有沒想過其妙處。而在台北這盆子底一般的溼地更是益顯其妙，無論冬夏、無論胖人多痰瘦人多火，一碗麵下肚，抹汗擤鼻涕，百邪不侵。並且不需特地奔赴才吃得，隨地有吃，隨時有吃。有朋友打算搬至郊外山城；問他常吃麵否，答以一周數次，我立刻勸他別搬出城。山上沒麵攤也。

我一周亦吃數次，時而下午點心，時而消夜，時而正餐。如今大口嚥湯，在有些店已不易，保力龍碗難散熱，耐心不足常燙舌頭。除碗外，我也儘可能挑是沒有沙茶、肉燥等作料的攤子吃，較能味真湯實也。

麵攤遍設，有時不避違章麻煩，足見業者之服務精神，也足見台北市民之內行。台北麵攤板凳，我到處去坐；十來年前，新生南路一段103巷茄苳樹下的福州老夫婦擺的麵攤，真是好吃，亦是好景。

如今信義路二段161巷（即麗水街對過）的「老爹」麵攤，亦是今日在鬧市難得好景，仍受我多次走經皆印象深刻。

松江路，何寬闊的一條大馬路，但77巷口樹下的麵攤，教人真想親近。

大安路一段126巷12號的油加利樹下，亦是一麵攤，人在鬧市散步經過，豈不是最好的視線暫停。

許多人硬是不能抗拒巷子口麵攤那一份「暖人心脾」的景致，這是我們這民族與生俱來的情愁。樹下麵攤，怎麼能不去坐下吃一碗麵呢？

人生在世，常常有一碗好麵吃，也算難得吧。

——刊一九九二年二月二十九日中國時報「人間副刊」

新生南路一段103巷，樹下的麵攤已消失了十多年。

大安路一段126巷口，麵攤的絕佳位置，但也遷走了。

麵與油餅

一個城市之吃趣好否，端看其麵攤多少可定。

在這計較下，西方城市顯然不符合。日本雖愛麵，也有精益求精揉製好麵者，但隨興吃麵並不夠理想。

台北，市容改變恁大，而麵攤麵店仍有那麼多，還真不令人失望。

通常看起來令人不甚有信心的麵攤，不妨只點陽春麵，並囑免放味精。若瞧見他的豬油桶中是混著肉燥或油蔥的，可以囑咐他連豬油也免了，否則吃了噁心。

麵攤的豬油問題，也至少有十來年了。這說的是豬油渾濁、觸鼻極腥一節。若有用老派餵養、長時長成之黑毛豬某一部位的肥膘自炸豬油渣而結出豬油的麵攤，當然可放心的讓他在碗中擱豬油，只是這樣的麵攤不好找了。

福州乾麵配魚丸湯，我很愛吃，便因拌麵的油汁有上述情況，以前我能吃大碗的，現在只願偶爾吃小碗了。

前幾年因新建「最高法院大樓」才整個撤掉的交通部後面桃源街巷子（實是延平南路

121巷）麵攤群，四十年前靜心小學的家長會帶著小孩在此吃小吃，三十年前長到成為北一女的學生則可以自已來此挑找東西吃，多年來賣得好福州乾麵，並且有個好幾家。此巷之小吃攤不存，甚是可惜。它已是存留最為晚近的一例。三十多年前中山南路、公園路所夾、今外交部背後的麵食小攤群，或紹興南街（青島東路、忠孝東路之間）的攤群，以及太多太多陋巷卻佳味之風光，早消逝久矣。福州式乾麵，台北多家已慣稱「傻瓜乾麵」，似是自小南門的老店家而來，的確南區是福州乾麵最豐集之地，牯嶺街、晉江街皆見。最佳者，當是現在泉州街11號的「林家乾麵」，清晨開到中午，高朋滿座，他的福州乾麵，油汁很獨到，是白汁，以白瓷碗盛來，最見店家品味。碗盤，看似小事，店家良莠，在此見真章。林家連洗碗亦用熱汽蒸洗，教人欽佩。魚丸亦甚佳，只是魚丸湯裡有柴魚味，不吃柴魚如我只好勞煩他換成麵湯。

吃得多的，還是牛肉麵。當然，牛肉麵已然是台灣的「國麵」了；香港友人來，指定要吃牛肉麵；日本電影工作者來，也指名要吃它。

尋吃行家總喜在僻巷裡覓找牛肉麵館。像「商務印書館」背後曲巷中的「劉家山東黃牛肉麵」（開封街一段14巷2號），四十年老店，他的紅燒及清燉皆很有特色。擱蒜苗，所以蔥花、芫荽全免了。好的牛肉麵店，連佐麵小菜也該正宗；這家店的泡菜、豆乾、滷水花生、干絲，甚至滷蛋，全都很好。

潮州街60巷5弄口的「林記」牛肉麵店，人在巷口壓根看不出有店。亦是僻巷老店之例，知音也很多。他的牛肉湯汁裡，有一股濃稠感，想是加了類似咖哩一類的粉醬。地緣上，此店最近和平東路老電力公司背後，或許三、四十年前原開在電力公司後牆。至少現開於潮州街82號的「老王紅燒牛肉麵」，民國五十六、七年時便是開在後牆，恰好此二店口味皆有咖哩濃稠感，倘有懷念昔年電力公司後巷吃麵美好歲月之士，今日可再於此重溫也。

牛肉麵館中，另有一景，便是豪情萬丈之士頗樂於入坐其間，譬似有「大塊吃肉，大碗喝酒」之暢肆奔放，這造成拘謹文靜或講求情調的淑女紳士吃客不自禁覺得所謂牛肉麵館者，竟亦有一襲「江湖」境氛，此亦有趣反應，實也確是。就好像說到老年代成都茶館，則認定必多是袍哥落座一般。吃麵客中會呈現豪意橫生之勢，當也點出某種昔年勞動階層升斗小民好不容易進一趟大塊肉的小麵肆之乍然縱情乍然粗氣、辣料狂擱蒜瓣大嚼的鄉愁油興情狀也。

「鼎泰豐」雖以小籠包馳名遐邇，但他的「紅牛湯麵」也甚好，頗有三十年前成功中學對面那些店的風味，即「甜香式的紅燒」，與近二十年大多店家偏於「黑褐」、大料雜加之製湯法頗不同。「鼎泰豐」全是細麵，不用寬麵，實是恪守江南麵條之舊日一貫制式，可謂深有品味也。其多年之品質嚴求，更令人折服。老老闆前些年猶常侷坐樓下，吃著一碗毛豆澆的乾的麵疙瘩，頗見簡吃卻耐味的風采。至若牆上掛的書畫，雅淨中尤是最佳佈置。此店有一道麵點，稱「原盅土雞麵」，十多年來，常見備供於鄰桌，麵白湯淨，色韻甚佳，然雞隻看來腿粗軀巨，「土雞」云云，與我自小所見之土雞甚有出入，不免揣想滋味會否因此減色。說來有趣，時光飛馳，多年這麼過去，至今猶未點過，不知會不會錯過了佳味。

有些市郊式的牛肉麵店，不知如何發展出將牛肉麵與水餃放在一起賣的這種開店形式。並且這樣的店頗多。可見有太多人不約而同在心底認定此二物最適同食或什麼的，亦是賣麵風景之有趣現象。

牛肉麵是大剌剌的製作，老實說，不興弄成精益求精、最後只變出幾碗精品這一套。老饕食官若不信，嚐一嚐那些故作神秘、什麼加拿大進口特殊部位、又什麼這麼熬那麼燉、幾十個小時幾百個鐘頭…………何曾能嚐到他過人的好味道？

再說麵碗。

台灣的麵碗文化還不夠世故。麵碗宜大；即使是乾麵（如四川擔擔麵、福州乾麵），也宜用略大之碗，並且宜闊口淺底之粗瓷。牛肉麵這類大開大闔的湯麵更應用寬闊大碗。金華街111號之14的「廖家牛肉麵」調湯下麵，已頗用心，是後起之秀中燉肉製湯最具天份者，常常座無虛席，每日的蔥花便切出好幾簍；但麵碗口窄底深，麵相不能開展臨人，肉又不時淹沉碗底，取挾扭捏，不自禁透露出湯麵文化之乏薄。而小菜良莠相去懸殊，海帶極好，滷得又細又潤；泡菜卻太甜，豆乾更是以重料蘇打催之使其多孔，狀似「入味」，實則味頗人工。殊是可惜。

「牛肉麵就是牛肉麵，別搞什麼『牛筋麵』這一套！」此前兩日與友人聊時我快句脫口之語，狂妄慚愧。然究之於台北眾多牛肉麵店，恰恰確是凡有賣牛筋麵或半筋半肉者，較少佳店。而凡出佳味牛肉麵之店，多不見有牛筋也。

吃麵，最感可惡事，是以保力龍盛麵，久久熱燙不散，無法酣肆大吃。而小菜方挾完，一陣風吹得碟掀汁濺。

說完麵再說蔥油餅。

平江不肖生（向愷然）寫於一九二六年的《江湖奇俠傳》，其中講述到一個少年矢志要學驚人武功（大約為報父仇之類），他一心想拜湖南某地的某個武技大師門下，然這大師向不授徒。少年後來打聽得大師深居家中，極少出門，唯有每日巷中叫賣油餅時必開門出來買。這地方的油餅是用米磨粉做的，少年便潛心學做油餅，做得極好，每日在他家門外叫賣，老師傅日復一日的吃下來，吃上了癮，終於拗不過他，授以絕學。

油餅，何迷人之物也。澱粉之物與油相煎，竟有美味如此。

城市之吃趣，也在於油餅攤普遍與否。

台灣很有趣，每隔幾年全島會不約而同把一些舊日原有的營生又復甦流行一番，狗不理包子啦，×師傅鍋貼啦……而蔥油餅，這十年來又興盛了；並且不約而同做成大張（如大張唱片），再切開賣，不同於以前做成小張（如單曲唱片），每人按單個來買。

這些攤子賣餅的，看來不像是原本麵食族群，較像是城市裡新移民臨時起意擺攤維生之權宜計，一如水煎包攤、小籠包攤、米漿飯糰廣東粥早點發財車等之無所不在卻又令人不敢輕嚐。

他們其實頗有條理，在家中已將麵調好，甚至一團團捏妥，車一推到定點，拿麵杖一擀，兩三分鐘後就可以在你我嘴上了。他們攤成大張，對切，摺疊，一落落放好。常把最後煎出的那張覆蓋在先前切好的幾落上，像棉被一樣，為了保溫。這麼一來，餅全不脆了。你是不是馬上聯想到生煎包一出爐隨即放到蒸籠裡的景象？

這種大張的餅，至少要買半張，二十五元，計四小片。午後晃走路上，有時見油脆麵食，真想吃點解饞，卻又不能只買二片；半張下肚，一個月的味精量頓時補足。

但蘿蔔絲餅倒是必須做成小張，乃它的餡比較飽鼓，信義路四段58號巷口那家只開下午的小攤，製得最佳，一個售25元，價不算低廉，見出店主的篤定自信。生意不錯，但還不見排隊；溫州街和平東路口的油餅攤，永遠排隊，味未必稍勝。台北排隊之肆頗多，師大龍泉街夜市的許家生煎包、汀州路的紅豆餅皆是，其味也，必定合於排隊者，如此而已。

四十年前東門町「民生醫院」（約當今日「國際西點麵包店」位置）門口的油餅攤最令我難忘。他把和了蔥的麵糰一條條圈繞起來，使成「油旋」，先下油鍋去煎，黃熟後挾起立放鐵網上瀝油，再鉗到其下的桶型泥壁烘爐裡去烤。吃起來外脆內潤，並且層層蔥香，小時候看完醫生打完針能吃到這張油餅，剛才那一番煎熬也不枉了。

花蓮的一家早點店（德安一街59號）所賣蔥油餅，像是煎花捲，作球塊狀，也頗好吃。這店的工作人員與進出客人，皆成五族共和式，有閩南、外省、客家與原住民。這種球塊狀的蔥油餅，恰好天母忠誠路（一段129號）那家開開歇歇、強調無味精無豬油的蔥油餅，也有此款。前幾年羅斯福路三段近師大路保固大廈的原「大陸牛肉麵」，其中所賣一項「洛陽餅」，也是這一模樣，但開沒幾天又收了。

仁愛路圓環邊窄巷內的「秦記」（四維路六巷12號），是許多嗜餅老饕的私房小店，去買前總宜先打電話訂，以免向隅。他的蔥油餅很特別，不是放在鍋中油煎，而是放在泥爐的鑄鐵蓋上乾烙。於是酥酥脆脆的當下誘人感，表面上不及油鍋煎出的餅來得香，卻有另一份雋永的發自麪之本色的滋味。有人一、二十個的買回去，冷吃、隔日吃、做成炒餅吃、擱在肉湯裡吃，全都適宜，並且沒有出自油鍋所煎者的那股油ㄏㄠ氣。

「秦記」的乾烙，火必須慢，看來不大能達成量產的效率。東區竟有這樣古風小店，也不枉台北了。

麵與油煎炸一起，照說最是香美涎人，然消受它也需福份。四體不勤、少操勞力者吃不多。數年前在河北唐縣太行山群嶺間偶嚐山民的油炸粿子（有點像短胖的油條，又捲曲像軟膨的麻花），油清（因地勢高爽）麵優（北方麥子歷九月方熟，據云最養人），攀山耗力之下，連盡數個，全不感油脹撐腹。

——刊二〇〇三年十月《聯合文學》二二八期

在城市中野餐

每天中午，台北市成千上萬的辦公大樓開始進入午飯時段。只見有的人手執小錢包準備下樓找館子或攤子吃飯；另有一些人，則是將打開他自家中帶來的便當。這個中午吃便當的人，最教我羨慕。我總是想不經意的覷到一眼他蓋子打開後的內容。不知怎的，便當中的飯量總是被很細心的、很精準的計算，然後擱進底層，它永遠顯得很少，因你總一下便吃完，且不撐。但事實上飯的量並不少，主要是它是一個「被呵護過」的有飯有菜的便當。不管是被媽媽、奶奶、姊姊或太太準備的。

當然自己裝便當亦可能不錯，但少了打開時那份未知的驚喜。

至若那些下樓在餐館吃飯的人，得到盤中的飯菜，即使有些排列有致，但不可能有那份「呵護」。因為打菜的人是外人，原本沒想到給客人那聽來奢侈的一種叫「關心」或叫「愛」的東西。

便當菜，有時常是剩菜，有什麼便帶什麼，但總是被配置得宜，肉不會太多，菜也不會太少。便當因是方寸小空間，往往不管怎麼弄，皆好。但外面的便當為什麼就沒有這種感覺，總是無精打采？

館子裡的東西有時更遜。粗裡粗氣的盤上配列，肉呢是野得不得了；菜呢又是梗子該切短的，不短；葉子該留長些的，不長。教人一頓飯吃下來，一點疲勞也不復元外，反而更多沾染了轟轟隆隆的喧騰。

但有沒有人在公園或噴水池邊吃他的午餐的？較少。我們不是野餐的民族。觀日本老電影，古代行旅之人，途中歇息，常在川邊蘆草旁，鋪布於地，斬三根竹搭成三角架，懸鍋燒茶，並盤腿坐地閒閒的吃他們帶在身上的飯糰。

前說辦公大樓裡的便當，如能取出到外間野地上吃，當然就更好了。主要那在於一份心情。也就是餐館裡的生意人沒有那份心情，致他們端供出來的菜教人吃來沒勁。

永康公園旁的素菜館「回留」，菜好環境亦好，在此用餐本已極舒服，而一個好友由於常須守在公園滑梯旁看著兩個兒子爬上爬下，故他特別請求「回留」把飯菜送至公園裡，算是野餐，據他說，愈吃愈餓，也就是，有登山後吃飯的酣暢。

浦城街巷底的「阿文麵攤」，有不少女士們買了乾麵、餛飩湯、小菜打包帶走，看她們拎著一袋一袋的，很當一回事的走進自己家的靜靜巷弄，想像她們馬上要在自己簡略的小飯桌上鋪開，取自己的碗筷吃它，這亦不就是一頓「自我呵護」的飯嗎？而且還不失是一頓野餐，在自己家中的野餐。

——刊二〇〇七年十一月二十三日「聯合副刊」

公園裡的板凳，城市中最佳野餐地。

只宜單吃的飯

滷肉飯

最簡單的東西，往往最難做到好。滷肉飯的例子便是。

外地來的朋友，被我們帶著吃了兩次滷肉飯後，原本不大吃肥肉的他，這一下迷上了這種小吃。走在路上，一下見這麵攤有滷肉飯，一下見那家自助餐館亦有滷肉飯，每一見著，皆蠢蠢欲動，嗾起口水來。我便曉他，滷肉飯雖是小小吃食，卻不是每處小攤皆能附帶一賣的東西，你且去觀察，凡好吃的滷肉飯，必是只專賣一味的店，如基隆廟口晚上19號攤、31號攤，台北南門市場旁的「金峰」等，那些又賣麵、又切肝連、大腸、又順手兼賣滷肉飯的店，從來不見有好吃的滷肉飯，由此便知滷肉飯的不易了。

各處皆可能有好滷肉飯，唯肉必須切成小條，肥、瘦、皮皆在那一小條上，澆得白米飯頂，危顫顫抖動方成。肉不可以機器絞，絞肉便嚐不到肥肉的晶體，已被絞成油水；也嚐不到瘦肉的彈勁，已被絞成柴渣。至若滷肉飯旁邊的那一小塊漬物，亦甚要緊，醃黃蘿蔔由於近日已差，反不如改用基隆廟口31號攤的新意，蘿蔔乾，但不能鹹。或如台北「金峰」用的醃大頭菜。

據行家說，即使滷肉飯用的米，也必須摻不少比例的在來米，使得淋上了油呼呼的滷汁可以吸附在鬆粉的飯粒上；而不致像澆在蓬萊米上會滑亮浮漂無著力處，最終落到碗底成為滲出的浮油那種如同炒得不好的蛋炒飯盤底沉積出的大量浮油之噁心。

台南的「全生小食店」（海安路近保安路）雖以魚丸馳名，它的肉燥飯的米便是頗像有在來米感的。

然更講究的店家說，用的仍是蓬萊米，只是要用老米。所謂老米，約半年老即可。台灣太溼，放了兩三年的老米，有霉壞與生蟲可能。

米擱老了，原本的緊度與筋度開始鬆卻，煮成的飯便較不勁Q，此時最適肉的滷汁來淋。

滷肉飯，台南各路巷所售，稱「肉燥飯」，各家仍用刀切，並非絞肉。雖稱「肉燥」，並無瘦肉。主要以帶皮及肥為多。在台南吃肉燥飯，極多極方便，也極有相當水平，但幾十碗吃下來，欲選一家能夠帶領外地人千里迢迢去吃的「最佳之店」，還真不容易。不像說擔仔麵，一提便必須提中正路16號的「度小月」，乃它的湯頭中之「陳酸味」全省各地無人能及。

吃來吃去，滷肉飯中最感滿意者，仍是基隆廟口19號攤晚上七點以後（至深夜2點）的何家滷肉飯（此攤白天是「光復肉羹」，滷肉飯亦很好）。並且配一碟清燒高麗菜，一碗豬腳湯。何家的白煮豬腳，亦是十分好，較之廟口多家自詡名店的豬腳攤，好上不知多少倍，但何家店面窄小，向來低調，是最難能可貴的小吃佳處也，電視台那些東報一家西報一家、什麼皆叫美食的主持者正巧最好忽略這裡，以成全簡吃者的清靜。

鰻魚飯

飯中只置一味的尚有鰻魚飯。它亦不宜有配菜，它與蔬菜不和。就只魚的黏膩恰最與米飯相稠融。人便只是一口一口的吃，頂多偶咬一下醃漬物而已。七條通的「肥前屋」吃客摩肩接踵，好不興旺，然稍觀察一眼，發現大多客人居然在鰻魚飯外還能多點好幾個菜，好厲害。或許他們把「肥前屋」當菜館，而我不知怎麼，一逕當它是鰻魚飯專賣小肆；每次只吃一盒鰻魚飯，吃完便走，停留十分鐘而已。因為只有這樣，才能專注的將鰻與飯很渾融的嚼吞於齒喉裡。

雞肉飯

雞肉飯用的是火雞肉。須以手撕得很細很細的一絲絲，如此方能呼嚕呼嚕的不怎麼慢嚼便入了口喉，盡其酣暢淋漓之快。故火雞肉的撕絲應是現撕較佳，否則撕下了幾個小時，吃時便感柴了。考究的店家，將脖子的肉、腿肉、與雞胸肉分開放，客人點菜後，將這些部份的雞絲各擱一些，則口感豐富多也。脖子的肉，由於最少，很易一下就用光；故而貼心的店家常將之留給最熟的老客人，乃它味最鮮而肉質最細故也。至於火雞的皮、內臟等也不會白費，拿來熬滷汁，淋在飯上，亦聰明作法。

雞肉飯，最有名者為嘉義。只是近年不知何故，時代的腳步太快抑是何者，突然紛紛退步，有時人在屏東吃了一碗雞肉飯，反而還好吃些。台南公園路的「肉伯」，雖然歷史才二十多年，稱不上老店，倒是始終保持好水準，我每次叫一碗雞肉飯、一碗白菜湯，從來皆滿意之極。味道竟然比嘉義的好幾個老字號猶多勝，世事之變化，其不大乎。

——刊二〇〇四年十一月十二日「聯合副刊」

四菜一湯何難也

這一兩年，感覺每天三頓飯在外頭吃越發不容易後，非常盼想找那種只做四菜一湯的小鋪子來解決果腹之需，但是整個台灣，沒有。

每日四菜一湯倘皆有好安排，中國人何啻神仙。

我幾乎要說，四菜一湯，吃飯的最高境界。

所謂四菜一湯，四菜呢，或許三素一葷。那一葷，可能是一尾煎魚。也可能是一鍋紅燒肉，而這帶皮帶肥的紅燒肉或還與蘿蔔同燉，甚至旁邊還擱了滷蛋、豆腐乾；故而客人點一小碟，大約紅燒肉三塊，蘿蔔五塊，豆乾一片（滷得胖鼓鼓且帶氣孔），滷蛋半個。至若那三素，或許一款白菜，但未必與開陽同炒，也可能與少許毛豆同燒（毛豆先入油炒，再擱白菜），也許與黃豆芽同燒，又也許與豆腐皮同燒。再就是一款燒絲瓜，若是台式，常製成一缽湯兮兮的絲瓜滷，最得我心。再一款或可製成炒蛋；不論是蕃茄炒蛋，是蘿蔔乾炒蛋（所謂菜脯蛋），抑是香菜、青椒絲炒蛋，皆好。

如此湊成的四菜，便甚好。

一湯，最簡單的，是蘿蔔排骨湯，或是黃豆豬腳湯，或是黃豆芽湯。這樣的四菜一湯，就著一碗白飯，已是最好的家常便飯。

但何處覓這樣的小館？沒有。倘有，不是備有二、三十道菜的自助餐店，便是早把飯菜打好的教人提不起勁的便當。恰恰沒有這樣因簡單而可能製作得較為精美的小菜食店。

其實何曾需要四菜？兩菜亦甚夠，甚至全部燉燒在一鍋裡，要吃時，取杓子撈出白燒的五花肉、胡蘿蔔、馬鈴薯，燒得不甚爛的長段蒜苗與不甚爛的長段青蔥，與燒得較軟的芥菜梗子、大片的白菜、切成不太短的玉米，然後以筷子細心的將各菜分裝在小碟中，吃時，挾取何菜皆能分明，甚至有自家曬釀的豆醬可供塗沾，便更美也。

當消費者愈想吃得簡單真實，而販賣者愈一心想弄得花樣複雜，這社會便產生了鴻溝。解決之法無他，便是令消費者自己主動提出他所要之物。

故前數日我與朋友在談，何妨在永康街的小巷裡找一間三坪大的房子，租下來，再請一位稍會燒菜的媽媽，每日寫好最簡單的四菜一湯的菜單交付她早上到菜場買來，中午前燒好，便在這爿三坪大的小鋪售賣，賣至下午三、四點鐘。要點是客人坐下吃飯，五分鐘便可起身，而所得是又乾淨又無味精、輕輕淡淡的一頓午飯。

這樣的小鋪子（根本只可稱「小廚房」），若它的租金與這位燒菜的媽媽之薪水，總合不超過每月六、七萬，而每日所售給三、四十批吃客若有每月五萬之譜的收入，則此事已可為矣。乃所不足的一兩萬元「虧損」，我們幾個合夥朋友，完全樂意承擔，主要這正是我們中午的飯費。

我們是這麼聊著，聊它已很快樂。看來亦未必不能實行，雖然這個媽媽是此事之最大成敗關鍵：她會不會愈做愈懶？不每日買菜而是在冰箱放三天的菜？會不會愈做愈像是出產行貨？或甚至太受好評乾脆考慮自己到外頭開館子……

這類事情極可能發生，如今許多的坊間餐館會變得那麼不堪，當年原本也是想要做成是自己家飯桌上的那麼簡單好吃的四菜一湯，不是嗎？

——刊二〇〇七年十二月七日「聯合副刊」

台灣的牛肉麵之時代與來歷

常碰上這樣的一種狀況：朋友說起他難以忘懷的那碗牛肉麵，說什麼四十年前台北復旦橋下光武新村的「老張」，說什麼哇再也吃不到了！那種香，那種鮮，那種過癮……另外亦有朋友說起三十多年前永康公園旁有個老頭，他的牛肉麵怎麼怎麼好，後來攤子頂給別人，自己換到別處開，真是可惜…………

是的，大家心中皆有一碗永遠記得卻再也不存的美妙至極口味的牛肉麵。

在台灣，牛肉麵是這樣的一種文化。在台灣，牛肉麵是這樣的一種記憶。甚至牛肉麵是這樣的一種時代。沒錯，時代。那時的台灣，戰後不久，或說，播遷不久。許多東西皆在自然尋求融和；本地與攜入之融和，權宜與互存之融和，故牛肉麵是融和文化的產物。有一點離鄉背井（鄉井原沒那樣一味），又有一點新起爐灶；有一點昔年風味（如豆瓣醬，頗有大後方四川之靈感）卻又有一點就地取材（台灣的黃牛肉）。

這說的是「紅燒牛肉麵」，完完全全的台灣在一九四九年後的自然融和後的獨特發明。所謂獨特發明，乃大陸原本無有也。前幾年歷史學家逯耀東寫了一篇考據文章，我恰好未讀到，據朋友轉述，約因五十年代高雄岡山的豆瓣醬與近處的牛肉屠宰之天成搭配，加上老兵們的就地取材巧思，遂創造了今日的渾號「川味牛肉麵」或「紅燒牛肉麵」的原型。

而此獨特發明，其流行之年代，恰有其特別之遭際，便是五十年代末至六十年代末。因為這既是最清貧窮瀸的無油水年月，卻又是最思過屠門大嚼的嘗想偶打牙祭卻心中始終有故國緬懷竟只能寄情於某股香辣的那一段最教人印象深刻之年月也。

便因有這樣一層「精神深寄」之年代因素，從此牛肉麵的打牙祭象徵意義方得深植人心；而「牛肉麵」三字，直到今日仍是人們談吃與心生創業之念時極常聊及的項目，同時又是極具重量的一樁「國吃」。

甚至到了九十年代，我早說過，牛肉麵已是台灣的「國麵」（一如滷肉飯是台灣的「國飯」）了。

然則何以是牛肉麵，而不是蹄花麵？好問題。在此也不妨講一講。

先說台北小吃集聚的區塊。當牛肉麵癮癮然在台北各處角落發跡時，麵攤式的外省小吃聚落頗有一些，但尚無純以牛肉麵聚成一條街者；像所謂「師大旁的牛肉麵」、所謂「桃源街的牛肉麵」等聚落皆興起得比較晚，總要在六十年代中後期以後。至若我小學時，「三軍球場」（即今北一女旁的「介壽公園」）後、公園路兩旁與中山南路所夾（即今國家圖書館與外交部所夾之矮屋巷群）的小吃攤販，賣的便不是牛肉麵。另外延平南路121巷，基本上是福州乾麵巷。

為何提蹄花麵呢？乃三十多年前在師大的牛肉麵攤蔚然成街時，主要有兩大口味，一是牛肉，一是蹄花。也就是，當年蹄花麵與牛肉麵是平分秋色的。那時尚沒開出「師大路」，但實是今日師大路的路頭貼著師大圍牆的這一部份。不知當年是否便是龍泉街（須知今日的龍泉街是遷名過去的）之一段？後來師大路開通後，攤子星散，有一家留了下來，做成店面，便成了「大碗公」，最近也收掉了。

蹄花麵在六十年代，亦有「打牙祭」之意象，亦頗教人吃來酣肆；我在十歲左右於「圓山新村」（約當七十年代「碧海山莊」、今日「美國俱樂部」舊址）村口麵攤吃的那一碗蹄花麵教我至今難忘；但何以它後來沒成為國麵而牛肉麵卻脫穎而出呢？

我亦很說不準。但不免揣想，必是一、牛肉是南方原較少吃之肉種，有一種遠距之美，之新奇感。二、蹄花相對言之，是豬肉，無奇也。三、紅燒牛肉麵帶有辣味，微有「鋌而試險」之異國情調，發人無限之浪漫遐想也。

總之，麵攤麵店自六十年代中期後，以「牛肉麵」三字為招牌者，已然多極，亦已成定式；而招牌上書「蹄花麵」者卻不多，江山便此成定局。

如今牛肉麵老饕說的「口味」，依我看，必是六十年代中期至後期（牛肉麵的全盛時期）台北各店各攤所共同製出風味之逐漸累積成的一股「記憶」。那時除了師大、桃源街（今仍有「老王」），尚有以補習班學生為主的南陽街與火車站周邊如館前路、漢口街等（今仍有開封街14巷2號的「劉家」），尚有老電力公司（和平東路）後兩家（今分別遷至潮州街60巷5弄口的「林家」與潮州街82號的「老王」，甚至公賣局後亦有零星（如前不久球場未拆前的「老熊」））等；我個人在六十年代中後期，正唸高中；成功中學對面亦是牛肉麵攤林立，今日我能吃到最接近當年「甜香式的紅燒」而非近二十年大多店家偏於大料雜加之「黑褐」調味者，惟有一家，便是鼎泰豐的「紅牛湯麵」（無牛肉者）。

台南有所謂的「現宰牛肉」，即每天半夜殺牛，天一亮便在攤上切成瘦肉片，清燙來吃，可說是原味完全呈現的吃法；我每次皆在想，假如用這樣的肉與湯下一碗麵，或是麵片，或是疙瘩，那不知可有多好！當然，這是另一種滋味，它說什麼也不會是我人一逕認定的、有時代風意的、甚至深含播遷文化的、那種牛肉麵。

倘讓我一星期選三碗牛肉麵吃（或推薦外地客人匆匆遊台者），除了鼎泰豐外，尚有：

「清真式」的牛肉麵。它不算是台灣之發明，西北（如陝西、甘肅）的回民便是類似的烹法。忠孝東路四段223巷41號的「清真黃牛肉麵館」是其中最佳者。主要是牛血放得淨，湯最清鮮。肉質雖柴，但若能上麵前才自大坨切下，便較潤嫩。此種清真式牛肉麵店的發源地，當在北門口（台北郵局）。

再便是延平北路三段60號騎樓下的「汕頭牛肉麵」。湯極鮮香豐富，卻毫不膩。麵亦下得恰好，尤以肉塊薄小，大口漱漱吭麵，肉自然嚼入，最得暢肆。

此三店最大優處，是吃完最無沉重、膩漲、噁油、悔恨等感受者，看官可別視之等閒，台灣牛肉麵店千家萬家，能如此者，不多。

——刊二〇〇六年十月十五日中國時報「生活新聞」

老王記牛肉麵。桃源街。

今昔對待食物之不同

牛肉麵愈賣愈便宜

三十多年前，我們高中生很少吃牛肉麵，但偶爾吃牛肉湯麵。六十年代中期，濟南路上的牛肉湯麵一碗大約是六元，我們勉強消費得起。那時仁愛路、杭州南路口的「老張擔擔麵」，雖然仍是小吃店，但應當是已經做事的成年人進去的店，我們做學生的尚消費不起。記得它店牆上貼著一款「紅燒牛筋麵」，價格是一百元，你看看，可有多貴！我們幾個同學常常走經這店，聊過這麵許多次，但從來沒去吃過。後來高中畢業，慢慢也就忘了去花它一百元嚐嚐那麵的滋味。

當年賣一百元，主要牛肉來源少，牛筋更少，故貴。並且也是因為牛肉的攝食不普遍，原就造成它貴。如今一碗牛筋麵也不過一百多元，可見物價差別有多大。

六十年代位於杭州南路仁愛路口的「老張擔擔麵」，如今已是高樓。

今日對芫荽的態度不同了

早年，台灣對香菜（芫荽）甚有畏懼，乃據云易有吸血蟲，猶記四十年前我初中的童子軍老師黃羅，說及他做菜之事，他說芫荽須先用雙氧水或紫藥水泡過。

高三上三民主義課，教師宋學謙（即詩人宋膺）最善旁徵博引生活小事以譬喻國父知與行論點；有一小故事至今記憶仍清晰，他說某日至一朋友某甲家，某甲是生物學家，正在用顯微鏡觀看東西，見宋來，召他看鏡下物，原來是葉上爬滿了幽幽蠕動的小蟲，並謂宋：「你看看，多可怕！」這片葉子，便是香菜。過了數日，他們二人在圓環吃小吃，店家端來食物，某甲一見，疾呼店家：「怎沒擱香菜？沒擱香菜怎麼吃啊？」

此宋老師以這例子說明理論是一回事，而實際行之又另一回事也。

今日我人見芫荽，完全不考慮，下筷便食，難道說，這吸血蟲一節，竟再也不存在了乎？

臭豆腐旁的泡菜

記得小時候的臭豆腐挑子，是不帶泡菜的。約在七十年代初，開始加泡菜。且是台式帶甜味的泡菜。這吃法確是很聰明，能解膩也。許是自南部傳來。

譬似另一事例，七十年代末打麻將開始皆打十六張了，十三張那種戮力做牌、追求番數的打法，便再也不流行了。

早餐店之新變化

人們逐漸喜愛某種乾爽、輕巧式的早餐了，於是這十年來，一種叫「美而美」或「美又美」的西式麵包三明治形式的早餐店開始如雨後春筍般的在全台狂開了起來。

它的火腿蛋三明治，麵包上塗一種色澤像凡士林、進貨是一桶一桶進的、美乃滋，再擱上一些小黃瓜絲（像是告訴人家他自涼麵行轉業過來），竟然買的人很多。它的咖啡，你看不到燒煮的咖啡機。它的奶茶，亦不知如何調製出來，早就已在那裡。它的牛奶，不是你在坊間所易見的牌子，並且一逕置在保溫箱中保熱，由此一小節，可知事實上「美而美」的前身版本原就頗有因由，是那些有「保溫箱」的早點小肆（而牛奶用的是「將軍牌保久奶」），只是那時還不興用平面鐵皮來煎蛋煎漢堡罷了。

這當然指出了民心之所向：烤製的，乾嚼有味的，拎著走很能有都會風格的。是的，大夥愈來愈想吃一些有新模樣的早餐了，只是坊間所提供的，還不臻佳良罷了。

五十年來大夥習見的豆漿店式早點（昔年謂早上吃的東西，皆曰「早點」，要不就「早飯」；「早餐」二字，當然，是新時代的字眼）逐漸式微了。江西渡台詩人胡鈍俞六十年代末在詩中所謂的：「石磨推挽千百轉，黃豆研碾流銀漿。磨揉白粉忽成餅，火爐烘烤斗室香」已愈來愈少見了。

陽春麵中所丟菜葉之文明

陽春麵是上海字，謂光麵。然起名甚佳。

所丟菜葉，我幼時最常見是小白菜，如今許多店攤一仍此例。一個麵攤的生意如何，看它洗出的小白菜堆得多高可知。而一個麵攤的清潔程度如何，視其小白菜洗淨程度可覘。原本杭州南路二段59巷口那家「老麥麵店」（今遷至三元街209號）便是洗菜葉極為清潔之例。

猶記有時小白菜不得時供，店家改成空心菜，亦甚可口，甚至覺得它更滑腴多韻，反顯得小白菜柴澀而無趣，莫非它只配丟在麵湯裡做最無味的邊襯？幾次吃過，小白菜又回復了，我那時十歲左右，竟有些失望，怎麼沒空心菜了？

有時他亦用高麗菜。最不濟時，他用綠豆芽。

實則小白菜深有一襲草莖費嚼的清香，往往更雋永，年紀稍長，尤能體會。特別是在美國那幾年不易吃到小白菜只吃得到青江菜或變體的 China Green 等等「類青菜」，致愈發珍惜它的雅淡清香。

這幾片菜葉，浮在麵湯上，實很有學問，至少很有中國農業社會窮中粗吃仍略得裝潢配飾之佳美文化也。

如今我每年去到上海，住在親友家，早上起來，娘姨端來一碗雞湯麵（每日都熬著一鍋雞湯），由於我們的叮嚀，早已不擱雞肉了，但幾片菜葉絕對不會少。

現在有些特別愛吃青菜的，每到麵攤，幾乎都想說：「老闆，青菜多一點好嗎？」

——刊二〇〇四年十二月二十六日中國時報「人間副刊」

漢堡

那些在美國住過幾年並吃過一、兩百個漢堡的人，多年後在荒野中、叢林裡、或是海上迷失了幾十天，什麼也沒得吃，已幾乎是個野人，最後抵達一處人煙所在，吃的第一口食物，若是漢堡，即使不是他幼時的家鄉風物，可能仍因那曾經熟悉味道之乍然湧於口鼻，而禁不住流下了眼淚。

漢堡，稱不上什麼珍希美味；然中規中矩的漢堡，實亦是樸質的碎牛肉食物，也可入口。甚至，好吃得教人驚歎。

中規中矩的漢堡，指的不是速食店裡賣的那種。比較像John Sayles在一九八〇年以六萬美金拍成的那部16釐米電影《希考克斯七君子之歸來》（*The Return of the Secaucus Seven*）中那幾個六十年代青年多年後重又團聚時自己在院子裡烤的漢堡。他們先將碎牛肉雙手圈合成球，再壓成扁平，放在爐架上烤。

但據內行的漢堡烹調者說，愈少捏拍它，愈是正宗的。並且，不宜妄加調味料，更不該擱任何粉劑。

我恰巧也吃過一、兩百個漢堡，在美國。其中，說出來不怕看官笑，不能避免的有一、二十個來自麥當勞。我的發現是，在許多中小型城鎮的周末夜，青少年遊車河（cruising）後會到某個孤立的漢堡店買東西吃，若這家店看來有些歲月，再望進去見廚子有些年紀又狀至專注，倘女侍皆是老的，那這裡的漢堡值得試一個。

再喝一瓶root beer，便最合了。

另有一些過日子情韻紮實的老城鎮，新穎風尚的高級美食未必出色，往往漢堡會極厲害，如紐奧良（我說「高級美食未必出色」，希望它不會生氣）。在「法國胡同」（French Quarter）東緣 Esplanade 上的 Port of Call 這家酒吧叫一客漢堡，避開盤裡跟著來的烤馬鈴薯（乃吃它便太多。不吃它，若猶不飽，再叫一漢堡），大口咬下，汁多肉香洋蔥沖（唸四聲），過癮也。好的漢堡，常常也出在酒吧裡。

——刊二〇〇五年二月《聯合文學》二四四期

讚泡菜

前些日子在雲南麗江、鶴慶等地旅遊，逛看五金碗盤器物店，最生羨意的，是店中各種盛器；形制古樸，釉色雅亮，小小的鹽罐、糖罐最是可愛。但其中最教我眼睛盯著看的，是大玻璃罐子，裝泡菜的。這種泡菜罐子，十年前在桂林亦常見，看來整個西南地方，醃製泡菜壓根便是日常生活。

泡菜罐子，在台灣亦未必見不著，但愈來愈不「家庭化」倒是真的。甚至在小吃店亦未必家家皆備。

然而泡菜的風行馬上又要開始矣。怎麼說呢？這一年來最受矚目的醫藥健康書有多本極強調腸道的衛生與酵素之攝取，而酵素也者，我國在農業社會的醃菜便是也。亦即我們原先容易獲得之尋常輔助食品，卻今日因工商都市生活反而極度缺乏，甚而導致此種營養素之不足而產生的毛病。這種毛病如便秘、火氣大、口中生疱（此皆消化不全所致），再如代謝不良、肥胖、膽固醇高、肩頸痠痛與過緊亦是。

酵素的最偉大作用是分解食物與合成我們身體需要的蛋白質與醣質。而現代人最引以為煩惱的是體內裝了太多處理不掉的壞物質。假若大便被消化得完全，排出時便會徹底，亦不會過度腐臭；而腸道清暢了，人的免疫力提昇了，同時血液與淋巴液亦得到清潔。

泡菜雖是小小一樣東西，它進入了嘴裡，不停的咀嚼，許多人病後口中無味覺，便因細細嚼泡菜，令口中有了滋味，這麼一來，便有胃口吃飯了。

這種由口中無味而咀嚼成有味，便是一種「提高生機」的療癒法，一如反覆彎腰再伸直而達到全身發汗是一樣的「提高生機」法。

咀嚼，便是在嘴巴這小空間做發酵工廠。嚼上一陣，不管是小黃瓜、是鳳梨、是木瓜、是蘿蔔，皆能令這些生菜生果轉成微發酵的良質狀態；此等良質狀態若是多量的進入身體，便能一點一點的改善體內深處之運作。

泡菜，或是日本的漬物，或是任何醃缸中的蔬果，皆像是要在漫長的消化道中繼續咀嚼的工作。更因為有的人燒烤食物、醃鹽風乾食物（火腿、風雞、臘肉、香腸）吃得多，泡菜更需不時補充。有的人更考究的，製生菜沙拉時，將泡菜水傾一些在葉菜上，再加木瓜、奇異果切丁，甚至把葡萄柚或柳丁、檸檬擠汁傾入，令這缽生菜充分浸在發酵水中幾十分鐘，然後再吃，如此酵素之獲取更周全，同時也為了緩和綠葉之青澀與粗筋，亦減低了檸檬等的純酸或哈密瓜的純甜。這樣的一盤生菜沙拉吃慣了，外頭餐館裡的沙拉便沒興趣吃了。

朋友王君，在英語評量測驗公司任總經理，平時是大夥的醫學與生化知識的顧問，曾經用極簡易的方法治好了太多朋友的工商文明病。他說公司人員眾多，不能隨時吃泡菜，便想出一計，以新鮮根莖與砂糖醃製，幾日後發酵出汁，根莖糊爛成渣，便棄渣留汁，將此汁分裝幾大瓶置冰箱，這便是「酵素水」。每人要喝時，再兌上幾倍的冷開水，便可。如此一來，全公司同事每天上午下午各喝上一兩杯，身體所需的酵素已足，的是養生最佳之方也。

若全台灣千家萬家的公司皆有這麼一大缸酵素水，員工隨時可飲，那便是健康有活力的二十一世紀了。

——刊二〇〇八年二月一日「聯合副刊」

只售一味的店

二十多年前，有一次在紐約唐人街（Chinatown）與人聊天，他道：「你看華人餐館菜單上密密麻麻的寫著菜目，牛肉欄下有蔥爆牛肉、青椒牛肉、薑絲牛肉、滑蛋牛肉等十幾項，豬肉欄下又有甜酸肉，這個豬肉、那個豬肉等亦是十幾項，雞鴨欄下亦是一大排……這樣的什麼皆備的餐館，必是不高級的；而西洋有些小餐館，不用菜單，只將當日的菜色五、六種書於小黑板，甚至連黑板也不備，只由侍者口頭向你報告，這樣的館子，往往才是高級好餐館。」

何以然？乃有識者心中不免沉吟：中國館子菜色如許多，豈不是要大量冷凍起來？又此類食材如何可能每天皆被平均的用到？再者，廚子要對付如許多的口味，那他的專擅豈不是分散了？諸多的疑慮，皆指出館子不應那麼弄。

近日常與年輕人談台灣製吃業的生態。前陣子在台南新化老街遊逛，幾個人見楊逵紀念館斜對過有一攤子前排滿了人，便思一嚐，及走近，才知是賣蔥油餅。因見是餅放在厚油的平鍋上炸，其法約如台北和平東路溫州街口的「油炸法」，或許速度較快，但也正因如此，只好斷了嚐念。接著彎入一小巷，見賣紅豆餅與雞蛋糕小攤，亦是排隊，便也跟著排，不久吃到了。

此二攤有一特色，便是我一直想說的「獨售一味的店」。製食者最好專注於單一的食品，不可妄想兼顧各類吃客的需要。

年輕人若要創業，尤其應選自己極可專注的某種極需單一的事項，譬如說，開咖哩飯的小館。但即使是只售咖哩，或許也該單一到只製羊肉與蔬菜二種，並不賣豬肉，也不賣台灣條件相當低下的肉種——雞肉。甚至只賣飯（用那種鬆屑、形狀較長的米），初期連「囊餅」亦不考慮。其餘便是室內擺設，最好是用長條形木桌，如囚犯式或軍隊式之進餐，如此最宜於快速大口吃飯，反而酣暢，倒非學倫敦 Wagamama「時尚假拉麵」的那種流行風潮。

至若要顧客信服你的咖哩專業，或你的咖哩「熱情」，或許有六七味最本質的咖哩原材，不妨明放在玻璃缸中，在客人面前取出來碾碎成末。台灣有些學製吃者，由於不察，連學泰國菜也不知是怎麼人云亦云的弄出一味連泰國人也沒吃過的「月亮蝦餅」。結果月亮蝦餅從北台灣到南台灣到處皆吃得到，「以訛傳訛」原來是指這個。還有一樣，「鳳梨炒飯」，亦是泰國人也沒吃過的「台灣泰國菜」。看官且想，這個剖開的鳳梨上裝了飯，我這桌吃完，他拿回去是扔掉再切新鳳梨、挖去內肉、以新殼盛炒飯再給別桌，抑是只拿原殼倒掉我的剩飯再裝新飯端給下一個客人？

蔥花麵包，亦是很好的單一行業。只賣它，不賣別的麵包。乃沒有做得好的蔥花麵包矣。前幾天在永康街見一店似很想做好的麵包，赫然亦有蔥花麵包，售27元，價格已不似昔日蔥花麵包的起碼價身分（其他屬於「起碼價」者尚有菠蘿麵包、紅豆麵包、奶酥麵包等），一嚐，相當一般，可見蔥花麵包甚有可為。

老實說，專賣一味，本就最有價值，乃節省自己的力氣又凝聚主力於一樣東西。

例如，只賣獅子頭的店。如你很會做獅子頭，多年來你的朋友早就讚不絕口，突然間世道大變，情勢逼人，你需要賺更多錢了，這時你若開綜合型餐館，或許勝算不高，但若只製一味，搞不好很受歡迎。因為我家今晚需要一鍋主菜，那我就買七、八個獅子頭，再附帶一些白菜及湯汁，已然是一道豐盛的主菜。

譬如水煎包，倘你的攤子每日下午出爐二十次，次次一開鍋就搶光，這種生意多有意思，又多有光榮！而有人家裡開派對，事先向你訂一百個，這種事利人利己，節省眾人時間，又是何其環保。

他如公園裡賣便當，騎樓下賣一大鍋麵疙瘩，皆可以是好行業，但必須專業，專業，專業。

——刊二〇〇七年十一月九日「聯合副刊」

土雞與世外桃源

好些年前，與朋友聊天說及「世外桃源」這題目，不知怎麼脫口說出：「現在那些土雞隨意生長的地方，大概就稱得上世外桃源。」

這話距今已有十年，我現在還這麼覺得。看官可別小看土雞生長之地；世界之大，這樣的地方愈來愈小。台灣山地極多，但令土雞輕閒生長，老實說，不多。台灣人吃一種「類土雞」以求在心中自安；只有極少數的人在極稀少的時刻（每年返深鄉探看家中老母）極偶然的吃到一隻真正的土雞，而那隻土雞也只不過是他母親所養兩三隻中極不捨得吃的一隻。

這位老母親，過的已約略是世外桃源之日子。她養這幾隻土雞，老實說不是為吃，是為了保持山村農家生活儉樸之本色。山村農家儉樸生活，便是世外桃源的一則模型。

這位老母親，不貪求吃土雞，乃她可能多吃家中自栽的菜蔬瓜莖，有可能她每日的四菜一湯全來自屋前屋後的田畝。更有可能她天黑不久後便已不甚活動，靜靜慢慢的等著睡覺。

若她晚上還需要提著手電筒，去到家後幾十公尺的「廠房」，打開門，巡視整間房子養在籠裡近千隻的雞，那麼就成了另一個故事。

故說世外桃源，一來要繫於社會風俗之是否易於侵入，二來也繫於這老媽媽個人的造化。

山鄉極其深窮，加上與外間交通阻絕，是造成世外桃源的主要條件。廣西桂林的郊外是我十年前吃土雞覺得最普遍、最輕易的地方，乃它與廣東的珠江三角洲之大規模養殖文化形成天壤差別；這種產值上的劣勢，造成它世外桃源之可能優勢，正如古人所謂「山中草木之年，以不材而得全」是相同道理。但人為因素又如何呢？以美國言，它自八十年前（或甚至更早）便已是大規模飼養肉雞，即使二十年前開創「加州新派烹調」（California Nouvelle Cuisuine）的 Alice Waters 女士強調她餐館裡的雞是自由放養於 Sonoma 山坡野地者，但那些雞，仍是「大規模」的收成。那種雞肉，我吃過；不是那麼的好吃且不重要，我要說的是，Sonoma 顯然不是世外桃源。也就是說，人心亦構成地域能否成佳境的一項至要緊因素；強調效率，即使是養土雞，那樣的心思，令再好的地方也不會變成世外桃源。

——刊二〇〇七年九月二十八日「聯合副刊」

十項最具台北性格的吃食

這裡說的「最具台北性格」，只是我個人的觀察，亦是五十年來我的親歷，然後概略的舉出十項，不敢言放諸四海皆準也。

吃食要「最台北」，必須一、是台北人最習慣消受而在別地最難獲有者。二、與台北的歷史最有必然關係。三、發明自台北或於台北發揚光大。

舉例言，「雞肉飯」便不算，除了它太嘉義外，台北街頭原不普遍。「蚵嗲」亦不算，台北昔時亦有，但不曾延續，今日更少見。「虱目魚丸、魚肚」亦不算，乃它太台南。山東韓僑的「炒碼麵」亦不算，即使自韓國來台的華僑人數頗不少，但此味推行並不普遍，甚至還不及美國的韓國華僑移民做的來得道地。

像壽司便不是。倒不是台北人吃不來日本食物；相反的，台北人極懂也極嗜吃日本菜。但一來料理店中坐下吃的壽司太昂貴，不堪常吃，二來街頭攤子的壽司鋪不僅少了，也因是冷食，到底與中國人吃熱食的習慣相忤，故壽司說什麼也比不上蚵仔麵線、陽春麵攤等受大眾常顧。

「涮羊肉」也不是。乃亞熱帶不是牧羊的地域，即使「北平式」館子在台北不乏欣賞者，但一來不少人喜言羊有羶味，二來涮羊肉也不曾蔚為流行。

「廣東飲茶」亦不是。主要廣東食物極賴完完全全的廣東式堅持，這在台灣不知為何永遠很難。台灣從來沒有「有板有眼」或「中規中矩」的粵菜，或許台灣「太過台灣」，令廣東族群很難放手表現。不少人早觀察到了：美國的廣東館很道地，甚至上海的廣東食物也頗傳神，惟有台灣的弄出來很少像樣的。單說粥，台灣街頭巷尾常有打著「廣東粥」招牌小店，沒有一家按規矩來的，即使熬一鍋下點工夫的「明火白粥」，台灣的店家太聰明了，他心想「我們台灣人早就在吃粥了，煮粥有啥了不起，我們煮粥便是用我們自己的方法，……」便是這一類想當然耳的念頭，致太多東西在台灣永遠沒法做得像的，如星馬的「肉骨茶」，如海南雞飯，如泰國菜，甚至如到處廣開的義大利麵。

又此文只將重點放在常民每日吃食，不談性格鮮明的各省菜館。乃各地菜色早各有確切風格，較難言台北性格云云。當然也不談西菜。

再者，此文只究鹹味吃食，不言飲料（如酸梅湯、冬瓜茶、青草茶）、甜湯（花生湯、紅豆湯、桂圓粥）與糕點（茯苓糕、狀元糕、紅豆餅、倫教糕）。

一、牛肉麵——尤其是所謂「川味牛肉麵」或「紅燒牛肉麵」，算是台灣的獨特發明，二十世紀中期的發明。據歷史學家逯耀東的考據，乃高雄岡山地區的外省聚落盛產豆瓣醬，而當地又出黃牛，故而老兵或公務人員便就地取材，逐漸調製出一款既富油水又含厚腴香辣、更兼有不久前抗日時在大後方（重慶、昆明）的口味回憶等融和之下的「打牙祭」料理——牛肉麵。

這牛肉麵，常被稱為四川牛肉麵，但大夥皆知，四川並無此麵，這是台灣的外省人在四九年後風雲際會的碰撞出來之融和（Fusion）料理。又它雖創自南部的岡山（富於外省聚落，如空軍眷村，寫〈龍的傳人〉的侯德健，祖籍雖是四川巫山，卻生於岡山），卻立刻流行於公教人員與學生極夥的台北。約自五十年代末至六十年代末，是它口味的定型期，亦是牛肉麵披靡台北的黃金年代。那時的師大、桃源街是為大規模的聚落，而我讀高中時的濟南路，亦有不小的店陣。

到了八十年代末，牛肉麵儼然已是台灣的「國麵」了。

若有外地朋友來，我通常帶他們吃①鼎泰豐的「紅燒牛肉湯麵」（無肉者），乃它的湯頭最有六十年代牛肉麵黃金年代的「紅燒」風味。②「清真黃牛肉麵館」（忠孝東路四段223巷41號）的清燉牛肉麵，乃它的湯最清鮮、最無雜味。③「汕頭牛肉麵」（延平北路三段60號）的原味，乃湯鮮卻又清，肉塊小，最不撐。

二、麵攤與滷菜——此處的麵，指的是陽春麵、肉絲麵（主要是「榨菜肉絲麵」。「雪菜肉絲麵」或「酸菜肉絲麵」已少人賣了）、餛飩麵等湯麵，與麻醬麵、炸醬麵、擔擔麵等乾麵。而傳統上（如五十年代起）多是推車的「攤子」形式，今日雖已多呈店面，但食物的簡略感與消費的平民化，仍如麵攤。

這些麵的風味，亦源自大陸；原本本省式的「切仔麵」，用的是帶鹼的油麵，油麵算是半熟麵，在竹笊籬中放入滾水中「切」（閩語）個幾下，便傾碗裡，連豆芽菜、韭菜也順便鋪上了，再切三片紅糟肉或瘦肉片，打上湯，便是一碗切仔麵，原本亦多佈街頭巷尾，即外省子弟也愛吃，然不知何時起，式微極矣，倒是外省麵攤反而留存下來。台北吃食，完全由吃者的自己嘴巴逐漸的成形。

再說滷菜。麵攤滷菜的標準版本，主要是四味：豆乾、海帶、滷蛋、豬頭肉。這四樣皆是客人點了，老闆才切。切完，灑些許醬油（注意，是醬油，不是醬油膏。醬油膏是後期因本省式之調醬法而後湧入的。亦不是擱蒜蓉醬油；蒜蓉醬油原是用來沾煎芋頭粿或蚵嗲），再滴幾滴麻油，偶也擱些蔥花。

另有些小菜，如醃小黃瓜等，則像是餃子店的小菜；至若什麼辣椒小魚干，更已脫離了麵攤小菜的簡供性格，算是撈過界了。

滷菜自滷鍋滷熱，這主要為了耐久；乃當年攤子不備冰箱，惟有重鹹與久煮的這款滷味方能在炎熱的台灣天氣下保持不壞。

三、豆漿店——這是台北早點的經典形式。除了喝的豆漿（有甜、鹹兩種，亦可打蛋。此「打蛋」思想，在窮窘昔年為了更添營養也），尚有燒餅、油條、飧飯（或稱糯米飯糰）與鹹酥餅。至若蛋餅、蘿蔔糕與蒸箱中的包子，那是後期添入的，原與老式豆漿店不相干；甚至更荒腔走板的，這類東西常自工廠批來，委實壞了老式豆漿店黎明即起、在炭爐中現烤現做的優美傳統。

燒餅與油條，亦是大陸早有之物，但到台灣後逐漸形成如今的版本。尤其是燒餅把油條夾起，成為「燒餅夾油條」，可說是台灣的「定形」之功。燒餅有二種，一種是菱形的，綿麵式，內有蔥花，早期多是此種（現在金華街111之6號與善導寺對過華山市場二樓的「阜杭」仍有做）；另一種是長方形，油酥式，內無蔥花，打著「永和」字號的多為此種。

油條，在台灣成為今日的長度，或許是四、五十年代之交即已成形。大夥如今視為當然，卻不知大陸有不少地方做得比較短胖。

粢飯，上海早有，但在台灣直至今日仍受大眾喜愛。早年有甜、鹹二種，如今似乎大多店只做成鹹的一式，卻在其中稍稍包了點糖；其餘則是油條、榨菜丁或蘿蔔干丁、肉鬆。復興南路瑞安街口的那家「永和」（最近「救火隊」者）做的粢飯最好。

最後說到鹹酥餅與甜酥餅。原本也叫燒餅，算是「黃橋燒餅」一路，鹹的內裹蔥花、豬油末，比較有江北的棉軟感；後期有的店做成蟹殼黃化，則是比較有上海的脆酥感。近年有許多「老張炭烤」系統的店，將此種餅製得更為量化。

四、自助餐——六十年代起，由於學生或上班族需要外食，又須兼顧幾菜一湯之均衡營養，便有此種預先炒烹好的菜色一、二十項，供人自選。有的點青椒牛肉絲，有的點豆乾肉絲，有的點胡蘿蔔絲炒蛋（典型的「自助餐之菜」），有的點甜不辣丁炒鴨血韭菜……，至若湯，則是免費供應。

由於台北充滿了外縣市來此就學或工作的人，故自助餐店極多；這在嘉義或台南等城市，則極少。

自助餐店的前身，是為台式菜場邊的小飯鋪，閩南語稱「飯桌仔」，只做幾味小菜，燙熟幾塊五花肉，煎幾尾魚，再蒸一木桶的白飯，專供近旁的人可以很快果腹。

五、清粥小菜——最早不多見這種店，乃農業社會下的老百姓若吃清粥必在家中吃，斷無花錢到店裡吃家中最清淡簡略之物也。

七十年代，林森北路的消夜攤推出了幾家「清粥小菜」，以供附近喝酒冶遊的客人返家前能稍稍吃些稀薄不至太撐的點心，便造成清粥小菜成為半夜的消夜景象。八十年代逐漸搬至復興南路。

至若清晨做為傳統早飯的清粥小菜，必托身在菜市場旁。目前製得猶有老年代台式農家之湯湯水水感的，便是南京西路233巷20號「永樂布市」對面那家店。外地朋友若要感受五十年前本省人吃的清粥式早飯，不妨來此。

六、福州乾麵——這是台北公家機關附近的最典型早餐小點。外縣市不見也，鄉鎮村莊亦不見也。

福州族群來台，較泉、漳為晚；有些較傾向於托身於公家機關邊靠一技維生，如在機關中理髮，亦有便是營這福州乾麵。麵為細麵，下至恰好，瀝至乾，傾碗中，擱豬油調拌之醬汁，味至鮮美，往往數口盡之。另有魚丸湯，魚丸內有炒過的豬肉餡，一口嚼下，魚丸的鮮加上肉汁的腴，最是過癮。再就是餛飩湯。福建式之餛飩，皮薄餡淺，極有特色。

七、肉包、腸子湯、冬粉湯、肉粽——這是一九四九年國府渡台以前便存在的台式街頭小吃。肉包是閩式，肉餡先紅燒過再包進麵皮裡，而皮則是發膨較多、微帶甜味的那種，與北方的麵皮風格不同。肉粽，亦是台式，正方有角，不同於湖州粽子之長方有角。粽內之米，北部是先淺炒再包上粽葉去蒸，與南部的浸水長煮不同。北部之米比較粒粒分明。腸子湯，只是泛稱；腸子指豬的小腸，湯是大骨頭湯。若是加了薏仁等物的，便成了「四臣湯」，君臣佐使的「臣」，但閩南語唸法與「神」同音，故坊間皆書「四神湯」。

若更陽春些，則有冬粉湯。平淡之極的湯食；其滋味除了大骨的湯底外，不過是碗中擱入的冬菜，卻也雋永迷人。

其餘尚有丸子湯，往往大小兼有，甚至白色褐色並備。常與冬粉湯合製為一碗。另亦有酸菜豬血湯的。丸子湯如今看似不普遍了，你道何者，其實不是不普遍，是以另一種也用魚漿製成之物，甜不辣，所取代也。且看甜不辣攤亦必有魚丸一味可知也。

台式吃食，很喜備湯，許是氣候溼熱之故，亦許是閩地之傳承。

這種肉包、肉粽、冬粉腸子湯的攤店，其實凋零至不堪，目前存者，白天有民樂街66號對面的「小包子」鋪，晚上有民生西路、承德路口的「阿桐阿寶」。八十年代以前，這種吃食各處街角皆易吃到。如今反而轉化成四神湯的專注一味之攤肆，甚至擱冬菜的冬粉湯幾乎已吃不到了。冬粉湯攤子式微得最快，我百思之餘，竊想或許原先營此業的，是比較晚近來台討生活的福州、潮汕等移民，數量不及泉漳來台者那麼多，來的時間也晚，當早先的店家凋零，便無繼起者矣。

八、川菜客飯——本文原不擬提各省菜館，例如北平館（京菜在台皆當年逕稱北平館，如「致美樓」）、山西館、福州館（如「勝利」）、客家館（如「新陶芳」、「天橋」）等，主要選入「十項」極為不易。而在台北，菜館最受歡迎者，約有二類，一為江浙菜，一為四川菜。其中尤以四川菜在五十年代至八十年代這三十年間其平民化與親和性，最在台北大獲人心。且說一例，張愛玲《色．戒》中牌桌上幾位太太談吃館子，講到的一家「蜀腴」，六十年代初台北便有一家，地址在成都路27巷內。又台北吃，與台北近代之人文風景甚有關係；而六、七十年代，一來「克難」思想猶盛，然香辣嗜習已萌，最實惠卻又最可口的吃法，便不自禁形成了「川菜客飯」，如二十元欄下有螞蟻上樹、回鍋肉，三十元欄下有宮保雞丁、麻婆豆腐，四十元欄下有豆瓣魚、蝦仁烘蛋等分類選擇，三、四人同去，可各選一菜，下以白飯，經濟實惠，並且又像是上館子，並不過度寒酸。在頗有近四十年光陰（九十年代漸衰）占據了無數人的口舌。直至今日，台大對面有一條街（有「重慶」、「峨眉」等館）仍有學生與社會人士常去。仁愛路上的「中南」（後改「忠南」）亦一直還有好顧者。濟南路底近建國南路亦是，只是二十多年前逐漸演成專吃「豆瓣魚」的一條街了。而西門町昆明街某一巷（地址稱康定路25巷，巷口有「黔園」的）如今雖式微了，六、七十年代白景瑞等電影圈人士動不動就往那兒坐下吃飯，幾乎可稱為「後抗戰打牙祭症候群」之美好延伸了。

九、大腸麵線——也可稱「蚵仔麵線」，但看擱大腸段還是蚵仔。這亦是台灣的獨特發明，主要以濃腴渾鮮為口味特色，並不求飽。吃在口裡如同糊泥，有黑醋的淺酸，有沙茶的微辣，又有腸子的濃腴，是極特別的街頭點心，特別是下午最適合偶嚐。麵線的店家極多，直至今日還深受歡迎，不像肉圓在台北早已凋零。

十、便當——便當全台灣皆吃它，火車上也吃它，但台北因有最大量的上班族群，其便當的普遍性自是最大。尤其是中午時分。但好的便當一來絕非出自便利商店，二來亦未必出自某些便當大工廠，故而辦公大樓的騎樓做為販售有特色、家庭當天小量製出的便當，將會是二十一世紀極有可為的行業。須知即使是美食家，亦偶爾想吃一個教他連最後一粒米也想舔掉的好便當。

——刊二〇〇八年一月十二日中國時報「人間副刊」

東和禪寺的老門洞，老年代裡，穿過門洞便該是小吃攤遍佈的市集。「龍門客棧餃子館」只是其一而已。

高度人文的經營管理

幾個自國外回來的年輕企業家，在台北吃了幾頓飯後，甚感滿意，大讚台灣真是好地方，大夥被照拂得如此之舒服。接著又到了永康街口，見一店排得滿是人潮，不用說，是「鼎泰豐」。問他們想不想嚐一嚐，咸曰：Why not？

這一吃，更是驚豔。食物之美味細緻不在話下，菜色之簡潔且各具個性，更透露開店者的生意風格；但話題說著說著，最後皆說到它的管理。

每一位工作人員皆是笑瞇瞇的，每天如此，每人如此，這是何等的修為。又女服務員的頭髮必定紮起來，必定穿玻璃絲襪。若她不穿玻璃絲襪，會影響菜的好壞嗎？好問題。表面上，與菜不相干，但唯有這類「嚴加要求」，如樓梯間不斷有人打掃、廁所不斷有人打掃、送蒸籠的男孩必定戴著口罩、甚至你找回的錢全是新鈔等，才達到每人面前的碗盤會一塵不染，每桌的醋瓶、醬油瓶上不會留殘漬，也才達到每一天的小籠包一樣的好吃、每盤蝦仁蛋炒飯的蝦量一樣多、每一碗麵條的軟硬下得剛剛好。

這種嚴加要求，令鼎泰豐即使十多年前已是名聞遐邇，卻不會因自驕而突然退步。甚至每隔一陣子猶會細細沉吟「是否應將免洗竹筷換成檜紋的要洗筷」、「是否應將溼紙巾換成乾的餐巾紙」、「是否應在小菜之外再加一味坊間不易做得很好的烤麩」、「應否再增一味鮮魚蒸餃」、「應否再添一味炸醬麵與擔擔麵」這一類精益求精之事。

這種嚴加要求，令二十年來無數的小女孩自南部來到台北在此打工，每一個皆在工作中笑容可掬。我常想，這些小孩們有點像是表姊提攜表妹，並在事先囑咐：「在這裡工作很好，但一定要注重自我管理，不能蓬頭垢面，不能無精打采……」結果來到這兒，或還住在宿舍裡，真做上了事，結果愈做愈喜歡，一做做了十多年，天天笑嘻嘻的，直把自己打造成一個英挺有自信卻又謙和溫潤的現代標緻女郎，甚至可以說，從此改變了一生。

好的經營管理，居然也有「心靈改造」的功效；且看鼎泰豐很難看到「大小聲」的客人，乃所有的氣氛是如此和藹，磁場是如此正面光敞，故而脾氣暴躁的客人至此也開開心心的了。

二十一世紀是人氣的時代。人渴望去到暖和融融的、人聲歡笑的、光亮明朗的所在。即使吃飯，亦是極多人企求驅散寂苦的一回事。而人氣，常在於創製者他的全神融入所生出的感染力。一本書之感染人，一張唱片、一部電影，甚至一家餐館一家旅社之感人，全在於後面的那個有心人。

他用的心，先呈現在食物的美味上，再呈現在清潔上，接著呈現在盛放客人包包的置物架，以及客人淋雨後遞上的大毛巾；這是什麼？是服務嗎？不，不只是服務，是對人的關愛。這種有心的經營，已然是一種修行。二十一世紀，欲做快樂的生意，正應學習如此。

好的經營管理，亦可帶動周邊的產業。鼎泰豐的粽子、赤豆鬆糕等，是自己養幾個員工來做，抑是委託某個外頭店家來做？不論如何，必然經過管理階層的嚴格檢驗，方能幾十年皆不致走味。

曉乎此，看官若是能燒簡樸又有韻味的白瓷碗盤，既好看實用又成本不致過高，倘您信心確實滿滿，何不自薦給鼎泰豐？又若您是製彎木椅技術極高的廠家，水準完全有十九世紀中期奧地利量產的高優品質，亦不妨自薦給鼎泰豐，或許下次他們家具用舊要換了，可以考慮及之。

又小菜中的豆乾，如今很難找到優質的豆腐豆乾鋪子了，致全台灣到處所吃之豆乾皆味同嚼蠟，在鼎泰豐近日吃小菜，往往只吃海帶絲、粉絲與豆芽，而將第四味的豆乾絲挑出，只吃前三味。同理，倘有製豆乾的佳肆，似也可以自薦。

鼎泰豐既有如此高的品管，倘若想在不遠處開一小間甜品冰鋪，如只售愛玉與仙草二味，愛玉全是手搓細籽出漿，仙草全是精挑數味經典青草熬製，如此使吃過小籠包的客人可至此清一清腹中飽膩，這樣的甜品小店，豈不亦照樣生意興隆？然而看來他不會這麼開，乃專心照拂一家鼎泰豐，方能達臻今日之超水平；只要稍稍過度分心，便可能出小錯。何必呢？

台北的朋友們閒談，常說到在鼎泰豐習過藝的師傅，即使自己手藝高超，然出外自立門戶，竟沒有成功之例。並且數十年來無有例外者。又有道，有個一、二家生意不錯者，但味道委實不靈。可見自我要求與管理仍是關鍵，且不說深厚的品味積凝與綜合的人生思嘗文化，亦不是依樣畫葫蘆便能說學就學得像的。

——刊二〇〇八年六月六日「聯合副刊」

我想吃的以及想不吃的

有時我想到油條，也想吃上幾口，但最好不要整根那麼大量的吃；可不可以剪成許多小段，我只挑個三、四段，蘸點醬油、麻油，就著稀飯吃。另就是油條切成小塊，包在素菜包子裡，吃起來水綿綿的，也真好。

多半時候，蔥烤鯽魚上面的蔥，我想多吃幾條，蔥白三、四條而蔥綠一、兩條；至於鯽魚呢，稍稍吃幾口便止。

我想吃一張蔥油餅，但最好他慢慢的煎，而不是把整張麵餅丟到油鍋裡炸，不管他是趕時間還是什麼別的原因。

我想吃一張蘿蔔絲餅，而他的餅裡面沒有擱蝦皮。

有時一盤樸樸素素的蛋炒飯據說不好找了。你且看即使連市郊有些快炒店他的炒飯也要強加飾料，像是增添繁華，他們慣用「三色豆」，自冷凍庫上取出，三色，指削下來的玉米、剝下的青豆、切成小丁的胡蘿蔔；當你見到這幾物，已然來不及了，它已早在飯中了。

只有蛋、飯，與一些蔥末的這麼一盤清清白白的蛋炒飯，竟然在台灣也顯得困難了。這就像一幢磨石子地板、白色的泥粉牆、木框的窗與門、吊在天花板中心的毛砂玻璃罩的燈或即使日光燈，這樣的清清白白的房子，在台灣竟然已是教人求之不得的珍稀罕品是一樣道理。

有的高級餐館，你在酒酣耳熱後，大廚來敬酒，並說再贈送一盤特製的精心炒飯。你一聽已感到苗頭不對，但不好澆人冷水，再一聽才知他要炒一盤絕門炒飯，用的是XO醬，果然如你原本所料，但又如何能曉他以「可不可以只炒一盤只有蛋、飯、蔥、鹽的那種五十年前窮人炒的蛋炒飯？」這樣一義，當然不宜。最後炒飯端來，一如常例，大夥只稍稍動了一兩下筷子，便又繼續回到喝酒上。

我希望進一家麵包店，他的麵包上不刷抹一層油亮亮的糖光。更好他沒用人工奶油，那種你一進門便會聞到的幾乎無所不在的氣味。要做到這樣，他的種類應當不會太多，尤其不需要把肉鬆也包在餡裡或擱在表面上。肉鬆，會被想到與麵包結合在一起，也只有台灣的天才想得出來。

有沒有只賣少數幾種全麥麵包與法國棍形麵包的店？

我想進一家餐館，吃一盤白菜，但不要是開陽白菜。

我想進一家義大利麵店，若可能，他的麵是現場揉的，他的墨魚麵是白麵澆上墨魚的黑汁，而不是在製麵時已把黑汁揉進麵粉裡的。

有時想吃一碗陽春麵，他的湯是大骨熬的，他的麵條不是丟在分格鐵網中下的，而是投入空蕩鍋中，他用的是自家熬炸的豬油，而不是肉燥。還有，他丟幾片小白菜。

想吃一碗自自然然煮熟的飯，而不是暗暗加了一瓢沙拉油以為可令飯既看來較亮又不會黏在一道的飯。

進一北方館子，我想吃冷的綠豆稀飯，而不是一直加熱的綠豆稀飯。

在台灣，我知道很難；但我確想吃那種不加粉漿、只把魚肉刮下、揉些蛋清的軟綿綿易碎的魚丸，如幼時在鄉人之間才吃得到的寧波魚圓。近年在大陸不少地方亦能吃到。特別是湖北，尤其在蘇東坡赤壁之黃州，魚圓種類多極，乃魚種多，卻個個皆是這種軟的。杭州的植物園中的「山外山」，所賣魚圓亦是。然在台灣，坊間多是那種即掉在地上還會蹦上好幾下的Q極了的魚丸。

在某個冬天的早上，我想吃一碗麵皮煮成的湯，最好是大骨湯，寬寬的手擀麵皮煮得爛些，而湯中有切成大塊的刺瓜，如此一碗，吃時如同大口嚥喝，刺瓜一咬便化，而麵片稍嚼便能入喉，而這碗又有骨頭熬鮮、又有麵糊的渾郁湯汁，最是融和養胃，胃全然接受它了，全身皆舒暢矣，而潮汗亦酣然而出了。

我想進一家餐館，他的桌上最好沒放那種早已放了很久的幾碟小菜，如辣椒小魚、花生米、豆乾、小黃瓜什麼的。

有時我想吃一個胡椒餅，但可不可以小一點？不知道是否因為它的個頭大，致我往往一年吃不到一個。

台灣的「美╳美」式早點攤，有一樣東西甚好，黃瓜絲。故而你點一個「荷包蛋吐司」（以前是十八元），只見他把兩片麵包夾起荷包蛋，上擱黃瓜絲，再淋上一些胡椒粉，便如此，就最好。

至若他的美乃滋、他的植物奶油，以及太多東西（包括奶茶、咖啡、漢堡），皆是我希望能略過的。

亦有攤子自煎豬排，然後夾在三明治裡，這亦頗好吃。有時他還醃在調了蒜茸的醬油裡，另是一番滋味。

我想進的泰國館子，最好是那種沒賣月亮蝦餅、沒賣檸檬魚（尤其還用一種不鏽鋼盤子來盛，下面點蠟燭）、沒賣鳳梨炒飯的。但這樣的泰國館子，搞不好台灣沒有。

我想進一家四川菜館，最好他沒賣苦瓜鹹蛋、菜脯蛋、薑絲炒大腸。

我想進一家客家菜館，最好他沒賣宮保雞丁、無錫排骨、京醬肉絲、東坡肉、一窩絲餅。更好的是，他也不賣「客家小炒」。

有沒有一家既不叫川菜、不叫上海菜、不叫客家菜，亦不叫北京菜的尋常館子，而他的炒菜頗多，卻不見前述的宮保雞丁、無錫排骨、苦瓜鹹蛋、薑絲大腸等台灣必見的「陳菜」？若有這樣的館子，又令人覺得好吃，那他必定已很像家中做出來的那種清新可喜的一頓飯了。

——刊二〇〇八年七月十八日「聯合副刊」

國家圖書館出版品預行編目資料

窮中談吃 / 舒國治著 ; -- 初版. --
台北市 : 聯合文學, 2008.08（民97）
224面 ; 14.8×21公分. --（聯合文叢 ;421）

ISBN 978-957-522-774-6(平裝)

1.飲食 2.文集

427.07　　97009179

聯合文叢 421

窮中談吃

作　　者／舒國治
發 行 人／張寶琴
總 編 輯／周昭翡
主　　編／蕭仁豪
編　　輯／林劭璜　王譽潤
資深美編／戴榮芝
業務部總經理／李文吉
發行助理／林昇儒
財 務 部／趙玉瑩　韋秀英
人事行政組／李懷瑩
版權管理／蕭仁豪
法律顧問／理律法律事務所
陳長文律師、蔣大中律師
出 版 者／聯合文學出版社股份有限公司
地　　址／（110）臺北市基隆路一段178號10樓
電　　話／（02）27666759轉5107
傳　　真／（02）27567914
郵撥帳號／17623526 聯合文學出版社股份有限公司
登 記 證／行政院新聞局局版臺業字第6109號
網　　址／http://unitas.udngroup.com.tw
E-mail:unitas@udngroup.com.tw
印 刷 廠／鴻霖印刷傳媒股份有限公司
總 經 銷／聯合發行股份有限公司
地　　址／（231）新北市新店區寶橋路235巷6弄6號2樓
電　　話／（02）29178022

出版日期／2008年8月　初版
2022年12月22日 初版十八刷第一次
定　　價／260元

財團法人|國家文化藝術|基金會 本書曾獲國家文化藝術基金會補助・特此申謝。

ISBN 978-957-522-774-6（平裝）